项目管理

筑梦之路 · 推演妙算

网易互动娱乐事业群 | 编著

网易游戏学院 | 游戏研发入门系列丛书

清华大学出版社

北京

内 容 简 介

本书为"网易游戏学院·游戏研发入门系列丛书"中的系列之六"项目管理"单本。通过 3 篇（共 11 章）的篇幅，对游戏项目管理进行了系统的介绍，提炼出一套完备的、专注于游戏项目管理的知识理论体系，是大量真实游戏项目管理实践与探索的结晶。全书从产品 PM 的日常修炼展开，然后围绕计划制定、进度管理、范围管理、质量管理、沟通管理、干系人管理以及风险管理等七大主题深入阐述；最后提供了游戏项目管理的进阶内功心法，在更高维度的项目管理实践和知识领域给予用户一些指引。全书内容翔实，结构完整，轻松易读，不仅适合游戏行业的项目管理人员阅读，也适合游戏行业其他从业人员借鉴和参考，更适合有一定经验的其他行业项目管理人员共同探讨游戏行业项目管理的奥秘。

图书在版编目（CIP）数据

项目管理：筑梦之路·推演妙算 / 网易互动娱乐事业群编著 . 一北京：清华大学出版社，2020.12（2022.3重印）
（网易游戏学院·游戏研发入门系列丛书）

ISBN 978-7-302-56818-6

Ⅰ. ①项… Ⅱ. ①网… Ⅲ. ①游戏程序－程序设计－项目管理 Ⅳ. ① TP317.6

中国版本图书馆 CIP 数据核字（2020）第 220027 号

责任编辑：贾　斌
装帧设计：易修钦　庞　健　殷　琳　雷　敏
责任校对：胡伟民
责任印制：朱雨萌

出版发行：清华大学出版社
　　　　网　　　址：http://www.tup.com.cn，http://www.wqbook.com
　　　　地　　　址：北京清华大学学研大厦 A 座　　　　邮　　编：100084
　　　　社 总 机：010-83470000　　　　邮　　购：010-83470235
　　　　投稿与读者服务：010-62776969，c-service@tup.tsinghua.edu.cn
　　　　质量反馈：010-62772015，zhiliang@tup.tsinghua.edu.cn
　　　　课件下载：http://www.tup.com.cn，010-83470236
印 装 者：小森印刷（北京）有限公司
经　　销：全国新华书店
开　　本：210mm×285mm　　印　张：14.25　　　　字　　数：500 千字
印　　数：3001~4000
版　　次：2020 年 12 月第 1 版　　　　　印　　次：2022 年 3 月第 2 次印刷
定　　价：118.00 元

产品编号：085408-01

本书编委会

INTRODUCTION
OF SERIES

丛书简介

"网易游戏学院 · 游戏研发入门系列丛书"是由网易游戏学院发起，网易游戏内部各领域专家联合执笔撰写的一套游戏研发入门教材。这套教材包含全七册，涉及游戏设计、游戏开发、美术设计、美术画册、质量保障、用户体验、项目管理等。书籍内容以网易游戏内部新人培训大纲为体系框架，以网易游戏十多年的项目研发经验为基础，系统化地整理出游戏研发各领域的入门知识。旨在帮助新入门的游戏研发热爱者快速上手，全面获取游戏研发各环节的基础知识，在专业领域提高效率，在协作领域建立共识。

丛书全七册一览 ———————————————————

PREFACE
丛书序言

网易游戏的校招新人培训项目"新人培训 – 小号飞升，梦想起航"第一次是在 2008 年启动，刚毕业的大学生首先需要经历为期 3 个月的新人培训期：网易游戏所有高层和顶级专家首先进行专业技术培训和分享，新人再按照职业组成一个小型的 mini 开发团队，用 8 周左右时间做出一款具备可玩性的 mini 游戏，专家评审之后经过双选正式加入游戏研发工作室进行实际游戏产品研发。这一培训项目经过多年成功运营和持续迭代，为网易培养出六千多位优秀的游戏研发人才，帮助网易游戏打造出一个个游戏精品。"新人培训 – 小号飞升，梦想起航"这一项目更是被人才发展协会（Association for Talent Development，ATD）评选为 2020 年 ATD 最佳实践（ATD Excellence in Practice Awards）。

究竟是什么样的培训内容能够让新人快速学习并了解游戏研发的专业知识，并能够马上应用到具体的游戏研发中呢？网易游戏学院启动了一个项目，把新人培训的整套知识体系总结成书，以帮助新人更好地学习成长，也是游戏行业知识交流的一种探索。目前市面上游戏研发的相关书籍数量种类非常少，而且大多缺乏连贯性、系统性的思考，实乃整个行业之缺憾。网易游戏作为中国游戏行业的先驱者，一直秉承游戏热爱者之初心，对内坚持对每一位网易人进行培训，育之用之；对外，也愿意担起行业责任，更愿意下挖至行业核心，将有关游戏开发的精华知识通过一个个精巧的文字共享出来，传播出去。我们通过不断的积累沉淀，以十年磨一剑的精神砥砺前行，最终由内部各领域专家联合执笔，共同呈现出"网易游戏学院 · 游戏研发入门系列丛书"。

本系列丛书共有七册，涉及游戏设计、游戏开发、美术设计、质量保障、用户体验、项目管理等六大领域，另有一本网易游戏精美图集。丛书内容以新人培训大纲为框架，以网易游戏十多年项目研发经验为基础，系统化整理出游戏研发各领域的入门知识体系，希望帮助新入门的游戏研发热爱者快速上手，并全面获取游戏研发各环节的基础知识。与丛书配套面世的，还有我们在网易游戏学院 App 上陆续推出的系列视频课程，帮助大家进一步沉淀知识，加深收获。我们也希望能借此激发每位从业者及每位游戏热爱者，唤起各位精益求精的进取精神，从而大展宏图，实现自己的职业愿景，并达成独一无二的个人成就。

游戏，除了天然的娱乐价值外，还有很多附加的外部价值。譬如我们可以通过为游戏增添文化性、教育性及社交性，来满足玩家的潜在需求。在现实生活中，好的游戏能将世界范围内，多元文化背景下的人们联系在一起，领步玩家进入其所构筑的虚拟世界，扎根在同一个相互理解、相互包容的文化语境中。在这里，我们不分肤色，不分地域，我们沟通交流，我们结伴而行，我们变成了同一个社会体系下生活着的人。更美妙的是，我们还将在这里产生碰撞，还将在这里书写故事，我们愿举起火把，点燃文化传播的引信，让游戏世界外的人们也得以窥见烟花之绚烂，情感之涌动，文化之多元。终有一日，我们这些探路者，或说是学习者，不仅可以让海外的优秀文化走进来，也有能力让我们自己的文化走出去，甚至有能力让世界各国的玩家都领略到中华文化的魅力。我们相信这一天终会到来。到那时，我们便不再摆渡于广阔的海平面，将以"热爱"为桨，辅以知识，乘风破浪！

放眼望去，在当今的中国社会，在科技高速发展的今天，游戏早已成为一大热门行业，相信将来涉及电子游戏这个行业的人只多不少。在我们洋洋洒洒数百页的文字中，实际凝结了大量网易游戏研发者的实践经验，通过书本这种载体，将它们以清晰的结构展现出来，跃然纸上，非常适合游戏热爱者去深度阅读、潜心学习。我们愿以此道，使各位有所感悟，有所启发。此后，无论是投身于研发的专业人士，还是由行业衍生出的投资者、管理者等，这套游戏开发丛书都将是开启各位职业生涯的一把钥匙，带领各位有志之士走入上下求索的世界，大步前行。

文富俊

网易游戏学院院长、项目管理总裁

TABLE
OF
PREFACE

序

当今，互联网和游戏行业的迅猛发展，使得项目管理理论体系和应用实践也获得了飞速发展。敏捷开发的理论体系已非常成熟并且深入人心，互联网项目管理书籍、培训资源逐渐丰富，人们也越来越认可项目管理在整个研发生态中的价值。

特别是近两年，随着通信技术和计算机软硬件技术的飞速进步，游戏研发在朝着移动化、精品化、全球化的方向迅猛发展，研发团队规模越来越大，研发投入越来越多，研发周期越来越长，游戏行业亟需成熟的项目管理理论体系和实践案例来指导研发稳步前行。可惜的是，当前市场上关于游戏研发项目管理的书籍较少，特别是契合国内游戏研发现状、关注游戏研发全生命周期管理和实际案例的项目管理书籍不多。本书结合网易游戏 8 年多各类型游戏项目管理实战经验和过程资产的积累，提出了一套完备的游戏项目管理知识理论体系，是大量真实游戏项目管理案例实践与探索的结晶，可谓顺势而为，必将大有可为。

通览全书，就像研习一本深入浅出的武功秘籍，从日常修炼开始将读者领进门；之后摆出了产品与美术的进度控制、范围管理、质量管理、沟通管理、相关方（干系人）管理、风险管理的"兵器谱"与绝招；最后还无私奉献了几个珍藏的进阶"内功心法"毕生绝学，行云流水、一气呵成。看完这本"武功绝学"以后，作为非游戏行业从业人员，我仿佛看到一座大楼敞开大门，在满足我的好奇心的同时，也让我看到了游戏开发流程中项目管理的精妙。该教材不仅适合游戏行业新人学习，也适合有一定经验的其他行业项目管理人员窥探游戏行业项目管理的秘密，更适合各游戏公司项目管理从业人员从中吸取经验为己所用，举一反三。

随着当前国内文娱产业的发展、年轻人创造力的迸发、技术研发人才的成长及企业管理规范化的提升，国内的游戏公司已经跻身世界前列。从中孵化出的经典游戏作品，不光影响着国内一代人的娱乐生活，还走向世界输出我们的传统文化，作为第九艺术的电子游戏行业，必将继续蓬勃发展。而相对于成熟的游戏研发技术体系，国内游戏项目管理知识体系仍在起步阶段，"大步前行，如履薄冰"。希望网易游戏作为行业领先企业，带领整个行业领域继续向前迈进，特别在项目管理应用于游戏行业这一领域继续做出新的探索！新的贡献！

PMI 作为全球专业的项目管理协会，其《项目管理知识体系指南》已在全球及中国被许多项目管理从业人士广泛采用。以此为基础的 PMP®（项目管理专业人士认证）人数，以及基于相关标准的 PMI-ACP®（敏捷管理专业人士认证）等其他 PMI 认证人数总和在中国已突破 30 万。相信其中有不少人在从事游戏相关工作。我们愿意不断关注相关行业，与时俱进，寻找最佳项目管理实践，进而为全球游戏行业的发展提供支持。

—— 陈永涛

PMI（中国）董事总经理

2019 年 3 月 15 日

PREFACE
前 言

伴随着信息化、全球化的发展，我们正在进入一个易变（volatility）、不确定（uncertainty）、复杂（complexity）和模糊（ambiguity）的 VUCA（乌卡）时代，项目管理的理论体系和应用实践需要不断迭代以适应这个时代的变迁。高度竞争和瞬息万变的游戏行业便是乌卡时代的真实写照，这就更要求我们以敏捷的思维、创新的姿态，高质量地完成游戏研发项目管理工作。

网易游戏项目管理团队结合多年来各类型的游戏项目管理实战经验和丰富的组织过程资产，提炼出了一套完备的、专注于游戏项目管理的知识理论体系，是大量真实游戏项目管理实践与探索的结晶。可以帮助游戏研发热爱者更好地了解当前国内游戏研发现状，关注游戏研发全生命周期管理。阅读本书，就如同阅读武侠游戏中可以帮玩家提升大量经验值的武功秘籍：

第一篇围绕"产品 PM 的日常修炼"展开，从一位游戏产品 PM 的日常工作和职责入手，对包括计划制定、有效沟通、风险识别、变更控制、团队建设等各方面的主要职责进行整体概述。这犹如游戏项目管理的武学基础大纲，能为大家打下扎实的基本功。

第二篇生动地以七大兵器来比喻游戏项目管理中最重要的七个方面：计划制定、进度管理、范围管理、质量管理、沟通管理、干系人管理以及风险管理。希望读者习得此七把兵器的绝学后，对兵器的使用融会贯通，面对任何复杂的项目管理问题都能兵来将挡、水来土掩。

正如武功修炼到一定阶段，有了武学基础且掌握了各种兵器后，如想继续精进，就必须要学习内功心法来固本培元。本书第三篇就提供了游戏项目管理的进阶内功心法：海外发行与全球同步发行管理、数据分析与度量以及敏捷特性团队管理，在更高维度的项目管理实践和知识领域给予大家一些指引，使大家能在更广阔的战场披荆斩棘。

本书的主要内容均来自网易的资深项目经理和专家，他们是一群奋战在各个重点游戏项目并践行这些学问的一线人员。也正是他们，在日常工作中结合游戏行业特点并充分发挥自己的特长，不断摸索，撰写出了本书的精华内容。感谢他们的付出，特别感谢于栋在全书内容统筹方面的贡献。感谢 PMI（中国）董事总经理陈永涛为本书作序。感谢网易游戏学院－知识管理部的同事们在内容整理和校对上注入了极大的精力。感谢清华大学出版社的贾斌老师，柴文强老师以及其他幕后的编审人员为本书进行的细致的查漏补缺工作，保证了本书的质量。

本书不仅适合游戏行业的项目管理人员阅读，也适合游戏行业其他从业人员借鉴和参考，更适合有一定经验的其他行业项目管理人员共同探讨游戏行业项目管理的奥秘。同时本书也仅仅是抛砖引玉，希望能吸引更多有志在游戏项目管理领域深耕的同仁们参与交流并提出宝贵建议，把游戏行业的项目管理体系建设推向一个新的高度！ 犹如行走于游戏项目管理的江湖，大步前行，如履薄冰！

网易互娱·项目管理书籍编委会

TABLE
OF
CONTENTS

目 录

01 项目管理的
武学基础
THE BASICS OF PROJECT
MANAGEMENT

产品PM的
日常修炼 **/ 01**

02 项目管理的七大兵器

SEVEN KEY MODULES IN PROJECT MANAGEMENT

03 项目管理的进阶内功心法

ADVANCEMENT IN
PROJECT MANAGEMENT

THE BASICS
OF PROJECT
MANAGEMENT

01

项目管理的武学基础

产品 PM 的日常修炼
Product PM's Daily Workout /01

01 产品 PM 的日常修炼
Product PM's Daily Workout

产品 PM（项目经理）日常做的事情非常多，从计划的制订、执行跟进、到对变更进行控制和管理，在这个过程中，还要做好团队建设，跟团队的同事保持良好沟通，组织各类会议，做好干系人期望管理、处理问题、管理风险、适时地改进流程、保证团队高效运转等。在日复一日的工作中，比较大的感触是，我们的工作非常灵活，没有标准的模板可以照着做，没有一劳永逸的捷径。

所以 PM 的日常修炼，应该是不断地拓展思路，让自己在面对不同的人和事时，能灵活恰当地应对。

接下来，我们结合实际案例，总结一些基本的工作思路，希望可以给刚接触 PM 工作的新同事一些帮助。

1.1 计划制定

我们以 Demo 阶段作为例子来看看计划制定。Demo 制作阶段，可以说是手游整个研发过程的一个缩影，时间短，人力有限，压力又大，如果通不过立项评审，就面临着被解散被淘汰。而同样的，我们希望手游能在有限的成本下，尽快制作完成，上市后，也面临很大的竞争压力，市面上不少手游，上市熬不过一两个月，就消失不见了。

那这跟我们的计划有什么关系呢？计划就是要找出一条路，靠它来引领我们，在有限的资源和沉重压力下，一步一个脚印走下去，把优质产品做出来。

手游 Demo 一般历时 2~3 个月，第一步，就是要做好计划。有了计划，我们心里会有底，知道我们照着计划一步步走下去就可以到达终点。

1.1.1　可执行

计划首先要做到的是落地，也就是我们常说的可执行，看到计划，我们能清楚看到路，知道下一步怎么走，往哪里走。那怎么样才算落地呢？我们可以自己来做一个审视，把事情细化到具体的负责人和版本。当每一项内容的每一个工序都有人负责，同时，也知道哪个版本我们可以做完它的时候，我们就可以认为，计划是落地了的。

我们来看一个 Demo 计划的实例（见图 1-1），在一个会议室的白板上，大家讨论完计划后拍的照片，可以看到，计划落实到了具体的负责人身上，也确定了周版本。

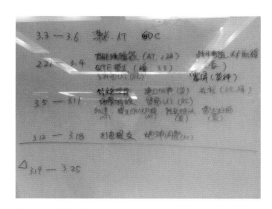

图 1-1　会议白板

1.1.2　渐进明细

我们会有一个问题，如果一个手游做一年的时间，里面每个内容每个工序，做计划的时候都要落地，都要细化到人和版本上，那做个计划需花多少时间呢？

这就涉及计划的一个特点。计划，它是个"近视眼"，跟我们大多数人一样，它只看得清眼前，看不到远方。如果，硬要给它的视力定个值，6 个月已经是它的极限了。我们无法准确预估未来太远的事情，但我们有一个方法，叫渐进明细。

我们在长长的路上，立一些里程碑，只针对最近的里程碑做详细的计划。多远一个里程碑比较合适呢？一般来说，一到一个半月，4 到 6 个周版本的时间。这样我们就只需要对最近的里程碑负责就可以了。

对于最近的里程碑，我们为每一项任务，确定具体负责的策划人。在这个基础上，再进一步细化到具体的设计、开发和资源制作等各环节工作，对应到负责这些工作的策划、UI、程序、美术、QA 等同学。

但我们要注意的是，没办法看清远方，不代表我们可以无视它，忽略不管它。方向还是要有的，不然，我们很可能走偏走错路。所以，渐进明细的意思是，我们做计划的时候，重点关注眼前计划的细化和落地，同时，要推动长远的规划，在远处立好灯塔。

1.1.3　可衡量

我们说计划是一条路，那走的过程我们要清楚自己走到哪里了，有没有偏离方向，还差多远。怎么知道走到哪里了呢，这就需要计划本身具有可衡量性。

举个例子，有个游戏玩起来总卡，需要做性能优化，花两周的时间，我们定好小 A 来负责。做计划的时候，小 A 一答复："没问题，两周后完成。"过了两周，小 A 说，"OK 了，优化完成了。"结果一玩，还是那么卡。这是出了什么问题呢？问题就在于，我们定计划的时候，并没有明确性能优化工作怎么才算完成。我们可能会想，不对啊，是跟小 A 明确说好优化到不卡的。话是没错，但是，不卡是在什么手机上不卡呢，是 iPhoneX，还是红米？怎么才算不卡呢，是 20 帧，还是 30 帧？是带上宝宝一群人组队打的时候不卡，还是自己一个人打怪的时候呢？这些就是计划的时候要考虑的事情。我们怎么才算走了一步，怎么才算到达下一个里程碑，需要可以衡量的标准。

1.2 有效沟通

在 PM 的日常工作中，沟通是主要部分。

1.2.1 有效沟通案例分析

先来看一个案例（见图 1-2）。

手游项目 A，这个月更换了对接的美术组，和新对接的 B 美术组合作之后，双方需要磨合，比如人员熟悉、工具、制作规范、提交流程等各个方面。

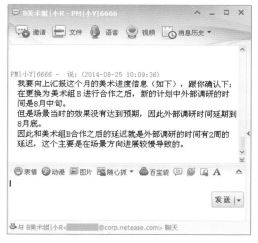

图 1-2 沟通案例

这个月的场景制作工作，因为希望将效果做得更好，在迭代上面，也花了比预期多的时间。最终，场景资源到位时间比原计划推后了 2 周，原定做外部玩家调研的计划，也因此延期。月底，PM 小 Y 要写手游产品月报了，准备把这个情况进行汇报。他写了一段美术进度情况描述，POPO 发给 B 美术组的美术经理小 R 确认。

小 Y 说："我要向上汇报这个月的美术进度信息（如下），跟你确认下：在更换和美术组 B 进行合作之后，新的计划中外部调研的时间是 8 月中旬。但是场景当时的效果没有达到预期，因此外部调研时间延期到 8 月底。因此和美术组 B 合作之后的延迟就是外部调研的时间有 2 周的延迟，这主要是在场景方向进展较慢导致的。"

小 Y 这个信息发出去后，我们可以猜一下，美术经理小 R，会有什么反应？

实际的情况是，小 R 收到信息一看，立马感觉到有一股恶意扑面而来。想起过去这半个月，美术组的同学们为了项目 A 三天两头的加班，对接新项目磨合的辛苦一股脑涌上心头，化为阵阵憋屈和愤怒。

可想而知，接下来事情的发展。小 R 表示，PM 把项目调研的延迟原因，总结为美术组 B 场景方向进展较慢，这无法接受。小 Y 呢，心里也很郁闷，觉得自己说的就是事实，并没有什么问题。于是两个人在 POPO 上你一句我一句聊了起来，却始终没能聊出个结果。

这究竟是怎么一回事呢？首先看看小 Y 发的这个当月的美术进度信息，为什么会引起小 R 那么大的反应。他说延迟主要是场景进展较慢导致的。这是事实吗？想一想，似乎也没错，描述了客观的情况。但这个表达全面准确吗？没有提及新团队的对接磨合，对于延期，短短一段话中，说了多次"和美术组 B 进行合作之后"，从听者的角度来说，容易产生不好的感受，似乎在说，本来很顺利，跟你们合作之后，就延期了。小 Y 的沟通目的是想和小 R 确认进度延后的原因，但是小 Y 没有进行开放式的提问，而是抛出一个结论，等小 R 确认，小 R 有自己的职位立场，从他的角度得出的结论可能和小 Y 不同，那么就会导致冲突。小 R 回复小 Y 的时候表达了"无法接受"，但是小 Y 没有重视这个信息，没有疏导小 R 进一步吐露无法接受的原因，双方僵持不下，冲突便进一步激化了。

所以，我们可以想一想，如果我们是小 Y，应该怎么说比较好。总结一下，我们刚刚提到的四个点：

1. 明确自己的沟通目的。小 Y 的目的既然是找出进度延后的原因，那么可以开门见山，开放式地询问小 R，看看小 R 认为进度延后的原因是什么，这样沟通会更加有效，能及时获得小 R 的反馈。

2. 沟通要做到信息表达精准。延期的原因是什么，不能模模糊糊的，要说得清晰准确，这个能避免理解偏差，避免误会。

3. 站在对方角度，换位思考，三思而行。这一点很容易被忽略却非常重要，先想想沟通的初衷是什么，我们这么说，对方会是什么感受，大家才能聊到一块去，能高效的接收到对方想表达的意思，快速达成共识。

4. 有效倾听。不仅用耳朵听，还需要用心去倾听，更完整地获知对方想表达的信息，并适时给出反馈。

那么问题来了，如果你是小 Y，现在的情况已经是这样了，和小 R 在 POPO 上始终聊不出个所以然来，那接下来应该怎么办呢？有三个选项：

A 加大火力，继续聊出个结果来。

B 算了，先放一边，择日再战。

C 狂奔到他身边，人肉解决。

哪个答案比较好呢。其实并没有绝对正确的答案。

如果要选，我比较建议选 C，因为 C 是一条相对容易的路。面对面是更为高效的沟通方式，当我们遇到沟通障碍的时候，第一时间切换到更高效的方式，往往能轻松解决问题。面对面的时候，我们能看到对方的表情，肢体语言，我们能感受到对方的情绪，这个时候，我们的右脑就加速运转了，变得感性了，情商数值瞬间提升，沟通也就变得顺畅了。而打字相对低效，是因为打字的时候，我们的理性占主导地位，沟通双方会更倾向去"抠字眼""抠字面意思"，容易出现理解偏差。

1.2.2 有效沟通五要素

通过这个案例，我们尝试总结一下有效沟通应注意的问题（见图 1-3）。

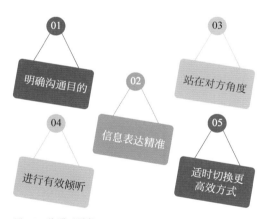

图 1-3 沟通五要素

第一，要明确沟通目的。沟通前，需要清楚自己的目标是什么，是已达成共识需要对方最后确认，还是需要就相关问题和对方展开讨论？比如这个例子，如果小 Y 明确自己的沟通目的，是要和小 R 讨论进度延后的原因，而不是"知会"式地等对方确认，那么小 Y 的沟通策略就会不一样，他可能会提问式地去咨询小 R 进度延后的原因是什么。小 R 在获知小 Y 的沟通目的后，自然会很乐意地表述自己的观点，两人的沟通才会更加流畅和深入，也避免了冲突对峙的情况。

第二，是信息表达要精准。说得清晰准确，这个能避免理解偏差，避免误会。同时，也可以建立大家对 PM 的信任度，觉得你是靠谱的，说话可信。如果小 Y 在说到延迟原因的时候，能说清楚一方面是美术组更换的交接和磨合带来了额外的消耗，另一方面，追求更好的场景表现而进行的迭代工作，花了比预期多的时间，那么，小 R 还会难以接受吗？

第三，当我们在跟人沟通的时候，需要多站在对方角度。PM 要接触不同职能不同部门的同学，大家的思维模式、做事方法、看问题的立场，都各不相同，所以，我们要多换位思考，三思而行，先想想我们沟通的初衷是什么，我们这么说，对方会是什么感受。如果小 Y 说："这个月你们加班挺多的，辛苦啦。我想约你聊一聊美术的进度情况，看看你什么时候有空？"很简单的两句话，是不是比之前那样说给人感觉要好很多呢，一下子拉近了距离，就能很自然的聊到一块去。这里还要注意的一点，我们跟不熟悉的人沟通，特别是重要干系人，有条件的情况下，最好采用面谈的方式，能帮助我们快速熟悉彼此，获得对方信任。所以，小 Y 和小 R 约面谈会是相对比较好的方式。

第四，需要进行有效倾听。很多时候沟通是"我说你听"或者"你说我听"，没有中间反馈，这样容易误解对方的意思。反馈可以是正面的，也可以是建设性的。正面的反馈会使沟通氛围更加融洽，建设性的反馈可以引起对方思考，提高沟通质量。比如小 R 表示，PM 把项目调研的延迟原因，总结为美术组 B 场景方向进展较慢，这无法接受。小 Y 应该在倾听过程抓住重点，准确获取对方"无法接受"这个信息，这个关键信息说明对方已经有抵触情绪，不认为场景进展是主因，这时候就要通过复述、提问等方式进行反馈，引导小 R 说出无法接受的原因以及他认为的主因是什么。

还有一点，当我们沟通的过程遇到阻碍的时候，可以考虑及时切换到更高效的方式。以后我们的工作会更多地涉及异地办公，甚至多地办公，如果打字不能很好地沟通时，赶紧给对方打个电话，或者是多方视频，很可能问题就迎刃而解了。

1.3 风险识别

不少新同学曾经问过我，风险怎么识别，感觉看不见摸不着的，全凭第六感吗？所以，一开始我们先来聊聊第六感的话题。

1.3.1 关于风险的第六感

说个题外话，有一位加拿大心理学家做了一个关于第六感的实验，用眼睛看不见的速度，在参与人的眼前，飞快地掠过一些图片，然后让大家回答一些跟图片有关的问题。实验证明，虽然大家都表示看不到什么，觉得自己答题全靠瞎蒙，但其实大脑已经接收到了那些图片里面包含的信息，并按照那些信息自己做出了判断，经过统计发现，答题的结果并不是完全随机的，而是有统一的偏向性。所以，这是不是从一个角度说明，第六感其实不是虚无缥缈的，是大脑根据自己获取的各种信息，各种在我们不知不觉中接收到的信息，做出了自己的判断。

说到我们的风险识别，对风险的第六感可以认为是一种敏感度。当你觉得有什么东西隐隐不对劲，或者心里没底的时候，别忽略这种感觉，抓住这种不确定性，进一步探究分析，很可能就识别了一个风险。

1.3.2　风险识别的重要性

我们的工作很忙，通常会做时间规划，给自己划出一块一块时间，用来做计划制定，或是跟进项目的进展，或组织会议……而风险识别，不像其他工作内容，有比较明确的完成标准，可以评估具体工作量，也有对应的期限，所以往往容易被我们所忽略。

然而，发现一个风险，通常代表可以少踩一个坑，是体现和量化 PM 价值的非常重要的方面，有点像扫雷兵，能避免大部队踩雷。我们时刻处于风险的环境中，举几个生活中风险防范的例子，比如坐车时需要识别交通事故风险，事故多发路段要按路标谨慎行驶，系好安全带能在发生意外时尽量避免人员伤亡；高层建筑配备消防设备，设立消防通道，能在火灾发生时减少事故损失；许多癌症患者在确诊癌症之前就已经充分评估重病风险，购买了重疾保险，在治疗过程中产生的巨额医药费可以使用保险金填补，大大增强了他们的风险承受能力。可见风险管理多么重要，对于项目来说也是一样。而对付风险的第一步，就是要先把风险找出来，所以，非常建议新同学给自己做时间规划的时候，能划出一块时间，用来思考、感知和识别风险，哪怕每周只花 5 分钟，停下来，想一想。作为 PM，需要保有一颗寻找风险的心。图 1-4 显示了风险识别需要关注的方面和识别方面等。

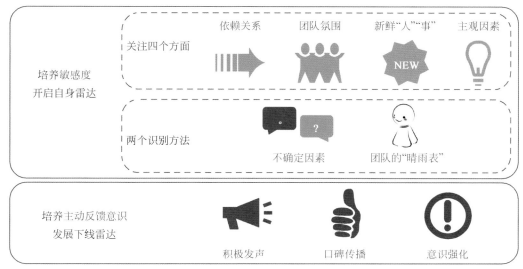

图 1-4　风险识别

1.3.3　风险识别关注四个方面

/ 依赖关系

依赖关系，通常我们有内部和外部依赖。外部依赖，是指影响项目的外部环境因素，比如获得游戏版号依赖版署审核通过，与美术外包、计费、网站这些跨公司跨部门合作相关的，也属于外部依赖。内部依赖呢，下游的工作自然依赖上游，比如程序开发依赖策划的文档。那我们应该多关注内部依赖，还是外部依赖呢？

外部依赖往往需要我们更多关注。其他部门的工作安排、资源调配等各方面决策有自己的立场和考量，在我们的可控范围之外，所以有时候，我们等其他部门的一个接口，一卡就会卡很久。因此，我们要多关注外部依赖，遇上外部依赖项，可以先把它列为疑似风险，考虑它的延期会不会给项目带来影响，同时，积极与外部沟通，进一步分析风险是否真的存在。

关于内部依赖，我们可以重点关注那些关键环节，即只有一个人负责的，且没有人可以取代的。比如主策审核文档，UI、GUI 也通常只有1个人，甚至跟其他项目共用1个人，如果这个人休假，出差时，我们就要考虑，这是不是一个风险。

/ 团队氛围

当我们遇到一个冲突的时候，可以想一想，这是个例，还是有什么潜在的风险。

有时候，我们听到程序吐槽游戏的设计，"这游戏能玩？！"之类的各种怨念，如果是当着策划的面说，并且他们没有打起来，那挺好的，我们可以理解为，这是他们表达爱的一种独特方式。但如果是背着策划，我们就要多关注了，程序和策划之间是不是出现了隔阂，可以多跟他们聊聊，了解具体情况，判断是不是一个风险。团队方面的风险，通常是高级别风险，一旦爆发，影响面会很大。

/ 新鲜"人""事"

新鲜"人""事"，是指新人、新技术、新流程等。

新人一开始还在边学边做，出问题的可能性会比较高，我们要特别关注。新技术、新流程等也是一样的，对于新东西我们通常是缺乏经验的，需要尝试和磨合，所以要提前考虑容易踩到什么坑，这些坑就是风险，提前找出来，规划怎么去应对。

/ 主观因素

为什么关注主观因素，会容易发现风险呢，因为主观因素，一般带有不确定性。

主观判断容易出现偏差，举个例子，工作量的预估，有时候会出现预估不准的情况，特别是经验不足的同学，预估不准的可能性相对比较大。还有一些代码优化或重构的工作，常会出现工作量大于预期导致延期的情况，这类没有参考标准的，拍脑袋成分比较多的，通常是个风险项。

1.3.4　风险识别的两个方法

有一些风险隐藏得比较深，对于这种风险，怎么把它挖出来呢？我们可以尝试下面这两种方法。

/ 找到并具象化不确定因素

风险是和不确定相关的，我们要找风险，就相当于要找出项目中不确定的点。

举个例子，程序说："下周四应该可以开发完吧"。虽然这是个肯定句，但我们可以听出来，其中带有那么一些不确定，这时候，我们可以进一步问他，是不是有什么难点或依赖，深度挖掘一下他没有说出口的不确定因素是什么，来确定这因素是不是一个风险项。

/ 团队的"晴雨表"

团队中通常有那么一两个人，他的喜怒哀乐都写在脸上。我们可以多关注他，他就像团队的"晴雨表"，假如他有段时间一直苦着脸，变得比较沉默，或者是情绪不太好，抱怨比较多，我们就可以多跟他聊聊，看看是什么原因，是不是团队有什么隐患。

1.3.5　开启自身"雷达"，发展下线"雷达"

前面聊了寻找风险要关注的四个方面，还有两个方法，一句话总结，就是要把我们自己探测风险的"雷达"开起来。我们一开始说第六感，对于风险识别来说，其实就是一种敏感度，能敏锐感知到不确定因素，从而找到风险。我们要保持和培养这种敏感度，把触角伸展到日常工作的方方面面，比如计划制定、日常沟通跟进等，关注容易出问题的地方，对不安或没底的事情多留一个心眼，挖掘背后的原因，往往就能发现隐藏的风险项。

除了这些，我们还可以做些什么？有没有什么办法，能做到让风险主动找上门呢？我们可以试一试发展下线"雷达"。

我们自己的"雷达"再厉害，毕竟只有一个，范围总是有限。但如果我们和团队中尽量多的伙伴合作，让他们成为我们的下线"雷达"，那我们探知风险的范围，就会有很大的提升了。具体可以分三步：积极发声、口碑传播、意识强化。

我们要让团队的成员都知道，风险是我们在管理的，是 PM 负责的，有风险找 PM，就跟有危险找警察一样的自然。有这个认知之后，多少会有一些人就主动跟我们反馈风险项。这就是积极发声。

当第一单生意上门的时候，我们要做好。这个做好，不但是指做好风险的管理，也要做好对反馈同事的服务。举个例子，一个程序员来跟你说，糟糕，开发量比预期大，不知道会不会来不及做完，也就是说，他感觉到不确定了，感觉到不安或压力了。这个时候，我们除了了解清楚情况之外，要及时给他回应，这个风险我知道了，你先加油做就好，其他的交给我，缓解他的不安和压力。之后，我们再去讨论和确定，如何应对风险，比如跟主程讨论，是不是加派人手分担开发量，或跟负责的策划讨论，是否简化设计方案等。确定了怎么应对风险之后，我们再次给予反馈，第一时间跟他沟通说明怎么应对，跟他达成共识。

把服务做好，留下好印象之后，当他发现其他小伙伴有同样情况的时候，他会说，你赶紧找 PM，他会帮到你的。这就形成了口碑传播。

还有一个简单的动作，在日常沟通中，我们都可以加一句，有什么风险或问题，随时找我哦。通过坚持这个简单的动作，把主动反馈的意识不断强化。

通过积极发声、口碑传播、意识强化这三点来培养团队的主动反馈意识，发展下线"雷达"，或许就可以获得让风险自动跳到我们面前来的神奇功效。

1.4 **变更控制**

在这个瞬息万变的游戏行业里，可以说，我们几乎每一天都在面对变化。那我们应怎么对待它呢？
当变更不可避免发生时，我们要做些什么？

1.4.1 《功夫熊猫 3》手游变更案例分析

我们来看看《功夫熊猫 3》手游研发过程中经历的一次变更。

《功夫熊猫 3》手游，从提案、立项，整个开发期，到渠道二测，一直是一款点触操作手游（见
图 1-5）。为什么是点触操作？首先是产品定位，基于对 IP 适用人群的判断，我们希望做一款
轻操作、重视觉、重培养的休闲向手游，团队认为所见即所得的"点点点"，是比较合适的操作
模式。其次，是因为团队喜好，几乎所有的团队初创成员都不喜欢摇杆操作。最后是团队使命感，
做最好玩的点触操作游戏，是整个团队的目标。

图 1-5   点触操作

然而，我们遇到了一个很大的挑战：玩家不买账。在开发过程的各种大小 UE 测试中，时不时就
有玩家提到，你们游戏为什么不能用摇杆玩？对于这样的反馈，我们始终都决定不改，因为大家
普遍认为点触操作相对有前景，而且，我们所有的玩法都围绕点触操作设计，修改代价很大。另
外还有一点，我们在想，是不是我们的点触做得还不够极致，所以玩家还没感知到点触的好。

但到正式上线前的最后时刻，我们还是决定改了，支持摇杆。为什么变更，首先是渠道二测带来的数据提升没有达到预期，这是最重要的原因，这个长期的心结再次被摆上了台面。而当时距离 iOS 上线只有 3 周了，已经到了生死存亡最关键的时刻，所以，我们咬咬牙，决定改了。正式上线后，从数据统计来看，摇杆玩家数量占比达到了 60%，修改的效果很好。

所以，变化对我们来说，有时候其实并不容易，但它往往是一个机遇，可能会为项目带来很大的转折。

1.4.2　对待变更的态度

相对传统行业来说，游戏是一个创意行业，不管是市场环境，还是玩家需求，都在不停地变，并且变得飞快。面对这样的外部环境，我们的产品研发，如果在整个研发过程中一成不变，很明显是不现实的。我们的手游在提案的时候，往往要面对的是一年后的市场和玩家，虽然提案已经考虑了前瞻性，但谁也不能准确预估一年后的情况。例如，在《功夫熊猫3》手游提案的时候，闯关推图类型的手游很有市场，但等到我们上市的时候，这类游戏已经没落了，所以我们应该怎么办？边开发边改，加入了主城、社交玩法等，去迎合玩家的需求和市场变化。敢于拥抱变化，我们的产品才能有更强大的生命力，立足于市场。

1.4.3　变更的六何分析法（5W1H）

当决定支持摇杆的时候，距离正式上线只有 3 周了。怎么办呢？时间不多，赶紧开工吧，让策划出文档、程序开发，PM 呢，赶快出个计划，大家抓紧干活。这样可以吗？这个点触操作是我们游戏的核心，主策说过，加摇杆就是革自己的命，这革命的文档设计好做吗？要花

多长时间？程序有摇杆开发经验吗？要多久能做出来？操作模式涉及所有玩法吗？ QA 的测试量多大？……好多问题啊，面对各种不确定，一时间计划似乎并不容易定下来。

那应该怎么做？我们做的第一件事，就是把重要干系人——产品经理和各主管，拉到一起，好好聊。聊些什么内容呢？我们可以提出六个问题来帮助理清思路，可以称之为变更的六何分析法（见图 1-6）。围绕以下这六个问题，组织重要干系人进行充分沟通，达成共识，然后，进行灵活调整，尽量降低变更带来的影响。

图 1-6　变更的六何分析法

/ WHY 变更原因

首先，面对这么大的变更，需要和各位重要干系人说明变更的原因，推动大家充分沟通，对变更达成共识，明确变更的目的。

/ WHAT 变更范围

接着，需要沟通清楚我们要做什么。加摇杆后，点触操作要不要抛弃？围绕点触设计的玩法是不是全都要修改？比如里面有类似打地鼠，切西瓜的小玩法，用摇杆怎么玩？一个新的操作模式，如果全面完善的做出来，要做的事情非常非常的多，不做取舍的话，跟推翻重做一个游戏差不多，这样的代价我们是否能接受，如果不能，那就要做选择。所以，我们首先要组织大家讨论的就是，我们要做什么，我们想要什么样的摇杆。如果可以的话，我们提前列出有哪些制约条件，打印出来，或投影，或写到白板都行，主要是为了时刻提醒大家，我们在这些制约的基础上进行讨论。比如，我们是要赶 iOS 上线版本的，那么时间上满打满算，只

有 3 周了，时间是我们最大的制约。在这个沟通的过程中，其实就包含了对干系人的期望管理，我们把现状和制约说出来，推动大家充分沟通，做取舍，做决策，最后，确定范围。当时，我们经过讨论，决定不抛弃点触操作，新增摇杆的兼容，只考虑基本操作兼容，目标是把习惯摇杆操作的玩家，最大程度地留下来，提升这部分玩家的留存率。也就是说，我们变更的目标是在 iOS 上线时，发布摇杆兼容，提升玩家留存。

/ WHEN&WHERE 发布时间和发布地域

然后，什么时候发布，就比较容易确定了。如果是相对远期的目标，我们可以先确定，放在哪个里程碑，再渐进明细。如果是比较临近的，像我们这种情况，就可以把发布目标细化到周版本。我们考虑到这个改动比较大，而且正式上线对版本质量、稳定性的要求高，所以，决定预留一周的时间，用来细调和迭代，那么从正式上线倒推一周，我们目标版本就定下来了。那如果来不及做出来怎么办？来不及的话，就回到前面的问题"做什么"，去取舍，重新确定范围。所以我们会发现，其实这两个问题，通常是揉在一起讨论的，但不管过程怎么样，一定要达成共识，要有明确的结论。与此同时，我们还要考虑发布地域，在越来越多产品选择全球发行的现状下，需要考虑每个变更的影响范围，是只在某个地域发布，还是全球发布。

/ WHO&HOW 负责人和详细计划 & 风险管理

这之后，我们还要跟各主管确定负责人，只有聊到具体谁来做这个问题，我们才能确定具体的影响是什么。比如难度这么大，哪个策划来设计，主策说，我来吧；哪个程序来开发，都没有摇杆开发经验怎么办，工作室另一个项目的程序有经验，找他来支援，协助开发；测试工作量很大，人力不足怎么办，我们把优先级相对较低的其他内容暂停了，集中 QA 人力进行测试。在定详细计划的过程，同时考虑有什么风险项，定好应对的计划。变更计划的周知和风险反馈也需要做到位，需要及时同步给相关干系人。

1.4.4 变更对团队士气的影响

还有一点很容易被忽略，是变更对团队士气的影响。

还记得一开始我们讲故事背景的时候，说到熊猫 3 选择点触操作模式的原因之一，是基于团队喜好，几乎所有的团队初始成员都不喜欢摇杆操作。在这个变更发生之前，POPO 群里，有的人说："我是坚定地认为，点触操作才是未来。"，也有人说："个人而言，我是不喜欢虚拟摇杆的，感觉比掌机的差太多，摇杆加入是毁灭性的。"大家的意见和想法，由此可见一斑。

主管们做出了兼容摇杆的决策，而大多数的团队成员，并没有参与到这个决策的过程中。但最后，执行决策的人却是这些没有参与决策过程的人。换位思考，当团队成员知道要加摇杆支持的时候，会是什么感受，心里应该是沮丧的吧，大家一起坚持了这么久，想做出一款最好玩的点触操作游戏，怎么临近上线却说变就变了。所以，一般变更过程容易被忽略，却也容易产生的隐患，是团队成员不能理解这个变更，带来的影响可能是团队效率的下降，更甚者，会对决策层失去信任，你们说坚持就坚持，现在又说变就变，是不是太儿戏了。

所以，在确定要变更之后，我们需要考虑对团队士气的影响，安抚大家，变更的初衷是为了更好，而不是否定大家之前的劳动成果，必要的时候，可以一对一进行正式的沟通，说明我们决策的依据。

1.5　团队建设

我们在聊到团建的时候，有一些话题会经常说起，比如团建多久组织一次比较好，大家不积极参与怎么办呢，有时候会觉得团建就是例行聚个餐，没什么效果，而且现在都是秘书在帮忙组织，好像不需要我们做什么。

今天想跟大家聊点非常规的团建形式，一起打开脑洞，拓展下思路。

1.5.1　团建需要大开脑洞

提起团队建设，我们首先想到的，一般是聚餐、旅游这类吃喝玩乐为主的活动，这些是我们团建的常规形式。我们今天来跳出这个范围，看看除了这类活动的组织，还可以做些什么不一样的。

/ 开会

开会，其实是一种不错的形式。比如，有时候开会，特别是全员会议，会有产品老大发言的环节，我们可以在会议之前给出一些发言内容的建议。老大发言为什么需要我们来给建议呢，因为，老大毕竟是老大，他不一定能听到群众的声音，而 PM 不同，我们扎根在群众中。举个例子，有时候我们可以听到同学们的吐槽，对当前的开发方向有疑问，甚至是质疑，这个时候，我们就可以提议说，在开会的时候，针对性地讲一讲，我们当前的开发方向是什么，是怎么定出来的，说一说考虑了哪些方面，这样就可以消除团队的疑虑，建立团队信心。

/ 练级竞赛活动

我们现在的手游团队，相比端游，特点是规模小得多，有些团队，核心成员不到 10 个人。也正是因为人少，每一个人都显得尤为重要，有时候跟产品经理聊到这一点，我们都会希望，每一位同学对项目能有很高的投入度，希望大家都把产品当成自己的孩子，一起做喜欢的游戏。那应该组织什么团建来提高这种投入度呢？我们选择了这样一种形式：练级竞赛活动。在相对漫长的 Alpha 开发阶段，某个里程碑完成的时候，或是加上付费体系的某个可付费版本对内发布后，都可以组织这样的活动。

图 1-7 是《功夫熊猫 3》的一次活动的颁奖礼。可以看到有丰富的大奖，所以显然参与度是很高的。这么多奖品，没有经费怎么办？如果是付费竞赛，可以把大家充的钱作为奖金池，像照片上的这次就是付费的竞赛，大家充值的钱买了奖品之后还有剩。如果是不付费的竞赛，其实也不

会花很多钱，聚餐一次要几百上千块吧，买奖品大概两三次聚餐的经费就足够了。这个活动的效果很好，大家一起玩游戏一起吐槽开发组，一边讨论一边又提出许多有价值的建议，一方面活跃了团队氛围，提高了大家对项目的投入度，增强了大家在产品设计方面的参与感，另一方面对产品的后续迭代也有很大的帮助。

这里再分享一些组织活动的小细节，要推荐一下颁奖礼，有了这个环节，比较有仪式感，也有气氛一些，大家会在颁奖礼上互相开玩笑，拍照留念，留下了美好的瞬间。但怎么让这个颁奖礼氛围好、不冷场，其实也是一个课题。如果只是简单的发奖品，难以达到这样的效果。

图 1-7　颁奖礼

这里我们可以看看图 1-8 中显示的奖状，这个奖状有点像武功秘籍的样子，是不是很契合功夫熊猫的主题呢，选这个样式，也是因为我们游戏里面有一个秘籍抢夺的玩法，大家收到这样的奖状，就觉得特别亲切，特别有感觉。

图 1-8　奖状设计

而上面的毛笔字，是找了大师（团队成员敬仰的美术负责人）为我们写的。一方面，毛笔字更契合功夫熊猫的中国风，另一方面，我们团队有不少大师的粉丝。对于粉丝来说，给一幅大师的毛笔字，比给 PS4 有吸引力得多，有人说，PS4 花钱就可以买到，大师的毛笔字可不是随便给的。

还有一点，是文案包装，可以看到，第一名的同学拿到的是"武状元"，而拿到"累觉不爱"的同学，是杯具的第四名，刚好跟前三名的大奖擦肩而过。

/ 活跃团队氛围的金字塔

我们可以顺带总结一下，团建活动怎么做才能达到活跃团队氛围的效果。

看图 1-9 这个金字塔，首先是参与度的问题，大家要愿意参加，这是基础；接着是有一些独特的创意，切合团队情况，比如毛笔字，比如秘籍，让大家有代入感；第三点是能引起热点话题，像活动的通知、奖项的设置，文案包装可以搞笑一点，不需要太正式，能让大家津津乐道或互相调侃都很好；最后，还有一点可以锦上添花的，是能留下经典瞬间，拍摄的照片能变成 POPO 表情包就更好，再一次组织活动的时候，大家会想起上次活动的欢乐，会乐于参与下一次活动。

图 1-9 活跃团队氛围的金字塔

1.5.2 PM 组织团建的价值

我们有楼层秘书，他们帮忙组织了很多团建，那我们做团建和他们做有什么不同呢？

现在团建常走入一个例行模式，定期聚个餐，每个月看个电影，没有了。这样好不好？这个问题是没有答案的。如果团队很健康，很高效，那常规的团建完全可以满足需求，秘书做的就已经足够了，不需要我们做什么。做团建，最主要是找到初衷，想解决什么问题，想达到什么效果，而不是为了团建而团建。

同时，我们应该把注意力更多地放在"量身定做"上。相对于楼层秘书，我们更熟悉项目团队，了解团队的运作情况，一旦出现什么问题我们也能第一时间知道，所以确定团建的初衷后，就可以针对性的，量身定制合适的团建方案。而方案的执行就可以借助楼层秘书的帮助，比如采购、订场地、报销等。

1.6 我们的日常修炼

我们的工作非常灵活，没有什么完美的模板。PM 的日常修炼，应该是在日复一日的繁忙工作中适时停顿，停下来想一想每一件工作的初衷和目标，打开脑洞怎么做得更好。本文分享的一些方法和思路，对大家来说不一定都是适用的，只是提供借鉴和参考，希望可以对思路的拓展带来一些帮助。

SEVEN KEY MODULES IN PROJECT MANAGEMENT

02

项目管理的七大兵器

02 倚天剑——产品 PM 的计划制定和进度管理
Planning and Schedule Management-Product PM

2.1 游戏行业的"计划"介绍

项目计划，顾名思义，就是一个项目未来要做事情的一个规划集合。在什么时候，由什么人，做什么事情。产品 PM 在这个项目中，充当了一个协助制订计划的角色。在传统行业，计划是"神圣不可侵犯"的，不按照计划进行就有可能导致交付时间延迟，从而影响项目整体 KPI。而在互联网行业、游戏行业，一个以产品为主导的产业，虽然有上线节点，但是如果产品不达标，谈上线就毫无意义。因此一段很长的时间里，项目计划都被互联网行业所轻视，被认为计划赶不上变化，与其做这么多计划，不如把眼前的事情做好。特别在手游时代刚开始时期，游戏制作倾向于轻量级、简单，而且认为琢磨游戏的可玩性比什么都重要。当手游时代从轻量走向重度，甚至贴近端游的时候，制作人的观念开始发生了变化：一个游戏的目标不仅是要成为爆款，而且要可长期运营，保持生命力。一个游戏的开端就应从生命周期开始思考，项目计划又重新产生了它新的意义。团队开始扩大，游戏内容开始扩张，制作周期开始拉长，项目计划就显得非常有必要。

但是，游戏产品制作过程毕竟是一个创作的过程，肯定会有尝试和踩坑，而且目标是成为爆款和亮点。但市场行情也是变化多端的，今天说要做的可能明天就被市场推翻了。所以产品 PM 在制作计划的过程中，需要去适应这种快速变化的环境，计划的重点已经从做计划的结果转向计划的过程。总的来说，做计划就是协助产品经理和团队确定产品设计思路的过程。

有这么一个案例，产品 PM 发现项目出现一些困难：产品还有三周就要进行渠道测试，团队已经持续加班了很长时间，成员有些疲惫，且最近一周版本凌晨 2 点才完成。项目需求根本做不完，最后只好延单。有一个重要的社交玩法必须要在测试的时候上，但是进度有些赶不及。UI/GUI 很努力，但是成为了瓶颈。项目还剩余很多 Bug，无法全部修复。请讨论这位 PM 应当如何应对？

这种案例的场景感觉很常见，很多项目都会遇到，大家会忙于解决当时的问题，可惜无力回天，项目组除了只能疲于奔命之外，长期都得不到很好的解决方法。如果情况恶劣下去，慢慢地就会变成团队的矛盾来源，职能间相互不信任，最后团队的士气就会折损。身为产品 PM，细细思考一下，问题要临近渠道测试节点才被发现，是不是该项目的项目计划没有做到位？我们要从源头抓起，制定合理的计划。

道理我都懂，那要怎么做呢？就这案例我们进一步分析，三周不够，要提前多少？说明我们要制订里程碑计划。需求做不完、重要玩法赶不及测试节点、UI/GUI 是瓶颈、Bug修不完，说明里程碑计划需要能结合变化的节奏和规律，并能预留出一定的缓冲，在不断的需求变化或者紧张的进度中能有制定细化并被能有效执行的里程碑计划。

2.2 里程碑与周版本

2.2.1 "里程碑"介绍

里程碑,是项目整个生命周期里的一个又一个的比较重要的节点。在项目的 Demo 期,就是完成最小原型的阶段,里程碑可能是一个关乎生死的 Demo 评审,通过就立项,不通过就被砍掉。在项目 Alpha 期,里程碑可能是一次主管会议的演示或者是玩家的测试,这个阶段需要完成一个体验达到基本要求的版本,从而获取更加合适的意见和建议,为项目前进方向得以求证和改进。对于项目的运营期,里程碑就是一个又一个的资料片和活动,为了拉新,为了保证在线,为了付费充值,为了游戏的生命得以源源不断。综上,里程碑计划,就是这个游戏生命周期里的一系列重要规划节点,是项目团队运作的连续刻度指标。

2.2.2 里程碑计划制定

对于 Demo 期,里程碑计划一般着重于核心战斗的打磨,能够体现整个游戏核心的玩法即可。对于 Alpha 开发第一阶段,着重于核心系统的完成以及核心战斗的继续打磨。对于 Alpha 二期,一般在是工作室内测前,着重于开始玩法的铺量,保证工作室内测玩法足够测试。对于 Alpha 三阶段,一般是公司内测或者小范围玩家测试阶段,此阶段开发主要着重于玩法的铺量以及系统周边的完善、新手引导。对于渠道测试阶段以及产品上架阶段,项目就开始需要考虑运营、营销等相关部门的需求。图 2-1 显示了手游研发的全流程。

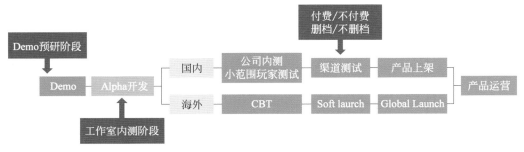

图 2-1 手游研发全流程

对于运营期来说，产品更能制订出年度计划。我们有两个参考维度，一个是市场，一个是产品本身。对于市场的考察，我们可以通过对竞品分析得出一些想法。以某回合制手游为例，其端游版，一年 1.5 个资料片。同一竞品产品资料片节奏约 2 个月；其中运营第一年平均 1.8 个月，运营第二个年前半年平均 2 个月。也就是说，在运营第二年，我们应当适当放缓资料片的节奏以保证游戏不要过于膨胀。而对于产品本身而言，资料片分为系统型资料片和活动性资料片。推出新的系统型资料片可以增加玩家培养维度，例如套装、坐骑；而活动性资料片是为了增加游戏的乐趣，例如 PVP 比赛、PVE 副本等，让玩家可以有多一些玩法来体验游戏。所以，思考系统型资料片与活动型资料片的时间分布，是运营周期的一种考虑方法。

同样以上述项目一个活动为例，计划到底要提前多久？对于这个项目而言，一个不假思索但是又经得起推敲的答案是，16 周开发周期，也就是 3 个半月的计划。原因如下，我们如果估算一个系统测试需要一周时间，程序需要 4 周开发，UI 设计需要 1 周，策划文档需要 3 周的话，那计划要提前 9 周也就是 2 个月。但是我们还要考虑另外一个美术制作链，如果一般美术制作一个场景的周期是 12 周，打入游戏测试是一周，美术文档撰写时间也是 3 周的话，那就要提前 17 周也就是 3 个半月，换句话说，产品经理需要提前 3 个半月确定里程碑的内容，然后安排属下进行设计开发。通过倒推（参考图 2-2），我们可以"逼"产品经理更早去思考产品未来设计方向制订，新的一个里程碑的目标，不是做到哪算哪。当然这 3 个半月只是一个参考，这里是提供一种思考的方法，具体计划要视具体项目而定。

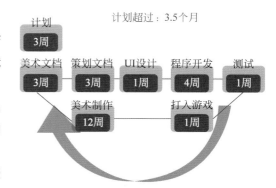

图 2-2　计划倒推示意图

再举个例子，产品经理按照上面的产品规划说，那这样我们 11 到 12 月出一个资料片吧。问题来了，如何确定 11 到 12 月到底哪一天外放？如果 1 月有资料片计划，那 12 月又出太频繁了，12 月不可能，去掉，这是和前后节点的比对收缩范围。那程序开发他们做不了这么快呀，那就 11 月中旬吧 11/11 or 11/17？根据美术和程序开发能力收缩范围。然后就去找营销了，营销说呀，11.11 是电商平台宣传，我们很难抢到资源。那就没有别的选择了，11 月 17 日。那就敲定吧！和前后节点的比对收缩范围，预估美术 / 程序开发能力收缩范围，具体节日或活动节点收缩范围，从模糊到具体，就用这样的方式，让我们把节点定下来吧！

2.2.3　周版本介绍

定了里程碑计划，在具体执行过程中，我们还需要将里程碑计划细化到每一个周版本计划。周版本，就是每周都完成一个通过验证的可以体验的游戏版本。一般团队一周会有固定一天为版本日，这是一个约定俗成的日子，具体安排在哪一天就看团队实际情况了。一般情况下，安排在周中比较合理，避免周末加班情况。另外根据团队的情况也会有不同的变化，比如双周版本或者单日双日版本，就是把周期拉长或者缩短以适应团队的情况。

周版本通过工具记录任务，到版本日，在当周版本内的单子需要测试完成，才能达到我们定义的
"通过验证的可以体验的游戏版本"。因此当我们把里程碑计划细化到周版本时，就需要观察，
项目版本日具体是哪几天，然后把计划落在版本日当周。换句话说，也就是要求将需求单落到需
要测试完成（外放）的周版本内。这其实也是策划的期望值和团队开发能力承诺的平衡，策划希
望这个功能可以被体验的时间就是团队开发并且测试完成的时间。

2.2.4　周版本计划制定

使用协作工具可以更好管理项目周版本计划，在网易我们使用的协作工具名为易协作。例如
图 2-3，大家从易协作看板里可以清楚地看到，UniSDK 任务需要在 7 月 19 日测试完成，苹
果 SDK 任务需要在 7 月 22 日完成，而预约功能需要在 8 月 5 日完成。这套机制对于制作者会
增加评估工作量的工作，每周五制作者需要评估自己手上工作量，关注自己身上全部的任务分配，
预留下游时间提前完成内容。

图 2-3　周版本易协作工具截图

周版本类似于里程碑计划的可执行细化，周版本计划是服从里程碑计划的。图 2-4 显示了周版本
执行流程。首先，周版本计划同样需要 PM 进行宏观的需求监控。当周版本需求锁定后，PM 会
依次与制作方确认当周的需求工作量是否合理，并做出相应的调整，然后反馈到产品经理。其次，
必须着重强调，在到达里程碑时间节点时，里程碑计划内容必须完成。而且，周版本计划是具有
一定灵活性的，不在里程碑的范围但是在团队开发能力范围内的内容，策划也可以在需求锁定前
提出，前提是保证主干内容完成，进度不受到影响；在里程碑范围内但是当周被评估为完不成的
任务，策划也可以进行延单操作，将任务单移到更加合适的周版本里。策划需要通过市场反应并
按照周版本时间依次规划并放出游戏迭代内容，来保证用户持续的游戏体验。当然，我们同样对
突发事件有处理机制，一般是在线更新流程，这里不细说。

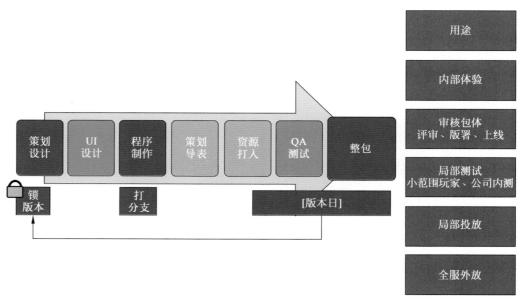

图 2-4　周版本执行流程

另外举一个 SLG 项目里程碑计划转化成周版本计划的例子。图 2-5 展示的是该项目 7 月 28 日小范围玩家测试的里程碑计划内容，其中迭代以及新增任务是产品 PM 通过与产品经理沟通、在策划会上达到一致以及考虑开发能力后确认的。接着考虑的是合作部门（海内外营销商务）的需求，最后我们再增加一个组内体验周以保证外放质量。

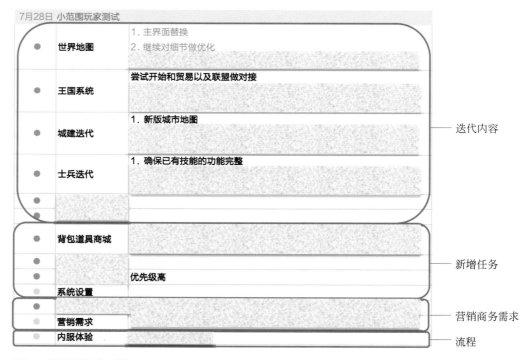

图 2-5　里程碑计划表示意图

接着根据里程碑范围转化为每一个周版本的任务。首先将每个目标细化成任务条。例如城建任务，主要是城市地图、整体交互界面的迭代以及部分建筑界面迭代。如图 2-6 所示。

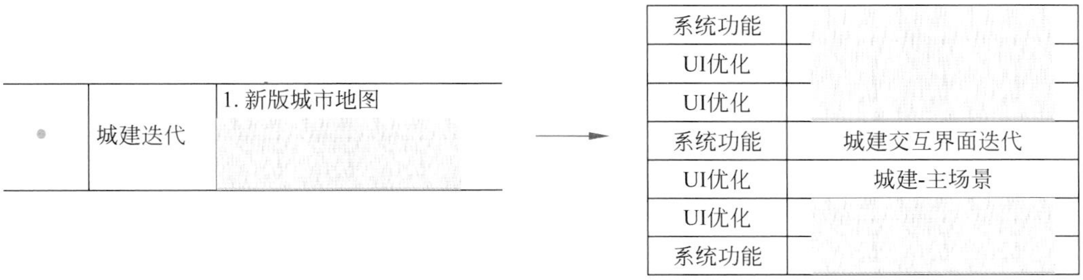

			系统功能	
			UI优化	
			UI优化	
●	城建迭代	1. 新版城市地图	系统功能	城建交互界面迭代
			UI优化	城建-主场景
			UI优化	
			系统功能	

图 2-6　计划展开示意图

将所有任务细化后，评估每一个环节需要的时间，这是需要产品 PM 跟每个制作链环节的负责人确认的。

例如在西游运营期，项目总体计划密集，很多任务并行开发，PM 在重新确认各活动时间节点后将开发排期大致安排如下：

（1）策划文档 2~4 周；

（2）需求澄清、UI 设计、主程审核以及开三方，文档修改时间增加至 2 周；

（3）小活动程序开发 2 周，营销活动 3~4 周，大活动 / 系统程序开发时间 5 周，资料片开发时间 6~8 周；

（4）测试完成时间距离开发完成时间 1 周；

（5）仅功能开发单，美术需求排期需要美术 PM 另外估算。

接着是策划提单：小活动提前五周（1 个月），营销活动提前 6 至 7 周（1.5 个月），大活动 / 系统提前 8 周（2 个月），资料片提前 9 至 11 周（2.5~3 个月）。但对于该 SLG 项目来说，周期评估就相对紧凑一些。规则如下，产品 PM 先按照周期将任务铺开。

（1）策划文档 2 周；

（2）需求澄清、UI 设计、主程审核以及开三方，文档修改时间 1 周；

（3）程序开发 2~4 周；

（4）测试 1 周。

图 2-7 就是 7 月 28 日小范围玩家测试里程碑的计划表。其中策划、UI、开发、完成列分别是策划易协作提单（策划完成）、UI 设计完成、开发完成、测试完成的时间；而测试列则是当前测试完成进度。而数字列就是 UI、程序、测试周期，以工作日计算。使用 Excel 自动计算公式，以此计算出完成最晚时间就是 dead 期限了。

环节时间 =workday（下一环节时间，-1* 周期）

接下来观察任务每一个环节的分布是否有过于密集的问题。特别关注任务起始时间，也就是策划提单时间，要保证留足够文档时间给策划，保证任务能顺利开始。如果项目 UI 是瓶颈的话，也要观察中间环节是否有某个版本任务过多，这样可能会产生任务的阻碍。最后关注完成版本时间，尽量让收尾版本分布相对均匀，而且满足前紧后松。例如 7 月 5 日和 7 月 12 日版本任务过多，可能会有延期风险。但是离 7 月 28 日里程碑还有一些时间，所以遵循前紧后松的规则，先暂时按这个计划推进。

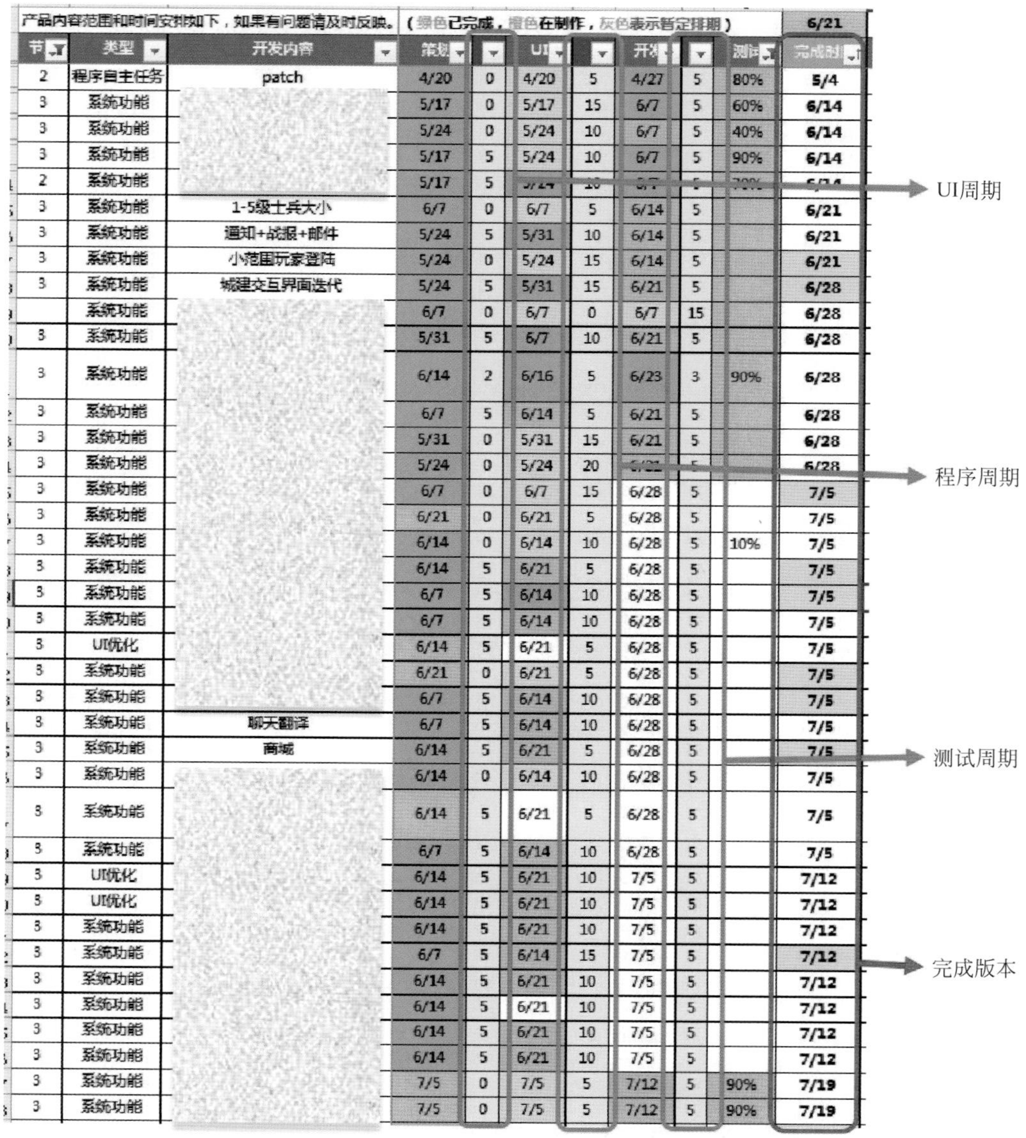

产品内容范围和时间安排如下，如果有问题请及时反映。			（绿色已完成，橙色在制作，灰色表示暂定排期）							6/21
节	类型	开发内容	策划		UI		开发		测试	完成时
2	程序自主任务	patch	4/20	0	4/20	5	4/27	5	80%	5/4
3	系统功能		5/17	0	5/17	15	6/7	5	60%	6/14
3	系统功能		5/24	0	5/24	10	6/7	5	40%	6/14
3	系统功能		5/17	5	5/24	10	6/7	5	90%	6/14
2	系统功能		5/17	5	5/24	10	6/7	5	70%	6/14
3	系统功能	1-5级士兵大小	6/7	0	6/7	5	6/14	5		6/21
3	系统功能	通知+战报+邮件	5/24	5	5/31	10	6/14	5		6/21
3	系统功能	小范围玩家登陆	5/24	0	5/24	15	6/14	5		6/21
3	系统功能	城建交互界面迭代	5/24	5	5/31	15	6/21	5		6/28
	系统功能		6/7	0	6/7	0	6/7	15		6/28
3	系统功能		5/31	5	6/7	10	6/21	5		6/28
3	系统功能		6/14	2	6/16	5	6/23	3	90%	6/28
3	系统功能		6/7	5	6/14	5	6/21	5		6/28
3	系统功能		5/31	0	5/31	15	6/21	5		6/28
3	系统功能		5/24	0	5/24	20	6/21	5		6/28
3	系统功能		6/7	0	6/7	15	6/28	5		7/5
3	系统功能		6/21	0	6/21	5	6/28	5		7/5
3	系统功能		6/14	0	6/14	10	6/28	5	10%	7/5
3	系统功能		6/14	5	6/21	5	6/28	5		7/5
3	系统功能		6/7	5	6/14	10	6/28	5		7/5
3	系统功能		6/7	5	6/14	10	6/28	5		7/5
3	UI优化		6/14	5	6/21	5	6/28	5		7/5
3	系统功能		6/21	0	6/21	5	6/28	5		7/5
3	系统功能		6/7	5	6/14	10	6/28	5		7/5
3	系统功能	聊天翻译	6/7	5	6/14	10	6/28	5		7/5
3	系统功能	商城	6/14	5	6/21	5	6/28	5		7/5
3	系统功能		6/14	0	6/14	10	6/28	5		7/5
3	系统功能		6/14	5	6/21	5	6/28	5		7/5
3	系统功能		6/7	5	6/14	10	6/28	5		7/5
3	UI优化		6/14	5	6/21	10	7/5	5		7/12
3	UI优化		6/14	5	6/21	10	7/5	5		7/12
3	系统功能		6/14	5	6/21	10	7/5	5		7/12
3	系统功能		6/7	5	6/14	15	7/5	5		7/12
3	系统功能		6/14	5	6/21	10	7/5	5		7/12
3	系统功能		6/14	5	6/21	10	7/5	5		7/12
3	系统功能		6/14	5	6/21	10	7/5	5		7/12
3	系统功能		6/14	5	6/21	10	7/5	5		7/12
3	系统功能		7/5	0	7/5	5	7/12	5	90%	7/19
3	系统功能		7/5	0	7/5	5	7/12	5	90%	7/19

图 2-7　排期计划表示意图

一个团队的高效不是个人的高效，而是总体产出的高效。PM 在细化周版本计划的时候，不要局限在当周策划是否工作量饱和，每个制作者是否工作饱和。而应该从里程碑计划目标出发，能不能达成最终目的为前提。周版本的集合完成是里程碑目标的前提。要结合前紧后松的原则，在里程碑阶段就要考虑工作饱和度。这就需要产品 PM 对业务（也就是游戏）有一定的理解，游戏制作的最终产出要和产品经理的预期达成一致。

2.3 项目计划制定方法

无论是正推还是倒推，在我们日常制订计划中都有广泛的应用。在众多分享中，都有谈到如何通过倒推方式来完成开发期里程碑与上线后资料片计划的制定。我先简要介绍一下倒推在实际计划中的应用。

2.3.1 倒推法介绍

/ 运营期产品中计划倒推的应用

以一款端游产品为例，其运营期的活动开发计划是一个应用倒推方法的典型案例。由于活动一般有着固定的放出节点，例如暑假活动，六一活动，国庆活动等，是随着节日时间放出的，因此有着一个明确的期限，我们必须要在这个时间点前完成活动的开发和测试。例如六一活动，假设要在 6 月 1 日当周全部服务器放出该玩法，则需要提前 1 周进行部分服务器测试以及提前 2 周进行UE 测试，以保证质量。在 UE 测试前 2 周，要开始内部的测试，以保证 UE 测试放出的内容是无明显 Bug 的，若测试时间不足将影响到产品的测试质量以及 Bug 的修复。在开始测试前两周，需要开始程序的开发，因为一个活动一般要两周的制作时间，程序开始太晚会影响到测试的进度和质量。以此类推，按照活动的开发流程（见图 2-8），我们可以确定每一个环节的期限，并知道需要提前多久制订计划并启动开发。

图 2-8　计划倒推

/ 倒推计划的适用条件

通过上面对活动开发计划的介绍，我们可以看到使用倒推方式制订的计划有两个重要的特点。而这两点也是适合使用倒推计划的前提条件。

（1）有明确的完成时间点要求；

（2）需求相对确定，对于任务开发的各环节时间有相对准确的预估。

假设我们不知道制作的放出或者完成节点，倒推就少了计划的起点；若各环节的开发时间预估不够准确，则制订的计划会不够准确或者面临较多变更，这在后面会具体介绍。

从产品阶段来看，Alpha 后期与运营期较为适合用倒推的方式来制订计划。无论是上线计划还是活动和资料片的放出，都有着明确的完成节点要求。而此时产品的需求相对研发初期更加成熟稳定，过去的开发经验可以为各环节时间预估提供很好的参考。这套倒推的方法，除了在《梦幻西游》端游的运营活动开发计划中有应用外，在其他运营期手游如《梦幻西游》，《大话西游》等，都有着类似应用。

/ 如何通过细化倒推计划来提供更好的可执行性

在《敏捷软件开发时间——估算与计划》这本书中，谈到一个"帕金森定律"。它的内容是：工作总是要拖到最后一刻才完成。这在我们日常的工作中屡见不鲜。在跟进倒推完成的计划时，若我们在到期的当天或者前一天去确认进度，往往对于进度的延后没有太多办法。相比提早跟进确认进度，将每一环节时间点的细化会是一种更好的办法。

前面提到的端游产品中，某个暑期资料片开发量比以往资料片要大很多，而文档设计我们预估是其中的一个进度瓶颈。因此我们对于原有的文档完成时间进行了细化，从过去仅有的一个文档完成节点，细化为：剧情大纲，文档初版，文档终版，并且准确定义每一个文档环节的完成标准（见图 2-9）。

资料片内容	子类	细分	剧情大纲	文档初版	文档最终完成
神器任务主线	神器第二部分		3月28日	3月31日	4月7日
			3月28日	3月31日	4月7日→4月17日
			3月28日	3月21日	4月7日
	神器第三部分		4月18日	4月21日	4月2日
			4月18日	4月21日	4月28日
			4月18日	4月21日	4月28日

图 2-9 文档设计

剧情大纲审核节点需要提前文档初版 3 个工作日，指的是完成故事背景以及不同剧情的设计；文档初版的审核节点提前文档最终审核节点 5 个工作日，需要进行剧情细化，详细任务流程设计，剧情动画设计，特殊战斗设计，奖励与数值设计等，即达到可以提供给程序制作的程度；文档最终完成节点是指最后的期限，考虑到之前的文档初版可能需要返工修改，留一定的缓冲时间。

在具体计划的执行过程中，细化的节点对于提前发现进度问题，以及帮助策划更好的安排自身工作起到了很好的帮助。通过细化环节节点来保证进度的方式，在运营期以及研发期产品中都有类似的应用。

2.3.2　什么情况下不适合用倒推来做计划

/ *Demo 期里程碑计划的倒推尝试*

若倒推计划的方式应用在产品 Demo 期或者 Alpha 初期会是怎么样的效果？这里有一个案例。某 Demo 第一次 Demo 开发期间，里程碑计划是通过倒推的方式完成（见图 2-10）。

图 2-10　里程碑计划倒推

第一次 Demo 评审的主要内容为花果山副本战斗，其中副本包括三个阶段。根据提交 GAC 测试的节点，我们倒推需要提前交包时间一周进行回归测试。提前回归测试两周进行资源的整体导入与迭代，并以此倒推出副本最后阶段需要完成的时间点。程序和策划一起预估中间副本每个阶段需要的开发时间，最后倒推出我们需要在什么时间节点前完成基础的战斗配置。

/ *计划执行情况与分析总结*

这份规划为我们 Demo 期间的开发定好了各个阶段的时间节点，但在实际执行过程中却遇到了许多问题，其中最主要的是需求的变更调整与延期。例如副本第一阶段的部分功能点直到资源整合前才完成。副本三个阶段都有着不同程度的延期情况，导致最后资源整合的时间不是很充分，并影响到回归测试的时间。

总结计划制定与执行时的偏差，造成上述问题的原因主要有：其一，玩法与技术的不确定性导致开发量的预估不准确，通过预估工作量倒推出的时间节点并不十分合理，计划可行性不高；二，需求的不确定，对于完成效果不满意而产生的迭代，以及最初计划制定中遗漏的需求，都会导致原有任务节点完成时间的延后。

倒推完成的计划，其最关键的一点在于通过明确各个任务与环节的期限来给团队很强的计划执行约束力，若经常发生需求与计划的变更调整，无疑让执行的有效性受到影响。在 Demo 期，以及需求相对不明确或者预估较为困难的阶段，建议不直接使用倒推方式完成整个计划。

2.3.3　正推与倒推法的结合应用

那么在上面这个 Demo 期的例子中，我们如何更好地制订计划呢？笔者认为可以将正推与倒推的方式结合起来进行。在我们大概确定 Demo 的开发范围，也就是最小核心玩法的体验内容之后，可以通过渐进明细的方式来明确自己的计划。即首先明确并细化当前周版本的开发计划，根据当前周版本的计划完成情况，再来制订下一个周版本的计划。在我理解中，这是一种正推的计划方式。即我们一开始不需要定大而全的计划，但是当前周版本的计划是相对准确而且可靠的，我们可以根据当前版本的反馈，在需求和技术方式不断成熟的情况下，去细化后面的计划。根据需求变更的程度，我们还可以调整版本的周期，比如在需求变更较为频繁的情况下，计划方式可以从周版本到一周两个版本。

有人会问，这样的方式我们怎么能保证能够在期限之前完成所有内容呢？首先我们在规划这次 Demo 的范围时，就需要做初步的预估。但预估的范围可能是不够准确的，所以我们可以将这个初步的预估细化成每个月的目标（或者是产品经理对于每个月进度的期望）。在我们每次周版本的迭代开发中，除了确定当前周版本的范围外，我们可以将当前的进度与每个月的进度目标进行对比，并对是否能完成月度目标进行预估。这样长期和短期目标相结合的方式，可以让我们对于进度情况有更清晰的认知。在开发人员与时间固定的情况下，若无法完成预期的范围，我们就需要去考虑缩减需求范围，采用不同的实现方式，或者是加班，来提前对进度风险作出响应。

同时，对于一些关键的节点，比如回归测试的时间点，Demo 最后资源整合的时间点，我们是可以通过倒推的方式来得到，因为这些工作需要的时间相对好预估（可以参考其他项目的经验），而且直接影响到 Demo 评审，是非常重要的期限。

从项目开发的阶段来看，项目初期更加适用于渐进明细的正推方式进行来进行项目计划，而在项目的测试期或者运营期，对于一些重要的内容更适合以倒推为主的方式进行计划。但正推与倒推的方式并不是互斥的，二者可以相互结合。正推与倒推的适用场合并不是绝对的，更多是从需求的特性角度去考虑。对于开发期间 PM 不知应该用正推还是倒推的情况，建议多考虑下当前的需求是否成熟，以及能够预估得到相对准确的开发工期。

2.3.4　计划完成的标准

在计划制定中，计划完成的标准是我们时常忽略的内容。举例，假如在一个里程碑内要完成召唤兽系统，那么是否需要完成召唤兽所有的子系统，召唤兽的美术资源需要完成到什么程度，召唤兽在战斗中的表现是否需要迭代，这些都是我们在规划一个具体任务中需要考虑到的内容。不同的完成与验收标准，将会很大程度影响到开发量的预估。

图 2-11 为某产品的其中一个 Alpha 开发里程碑计划。首先我们对开发内容进行细分，在其中的内容细分上可以看到目标完成度一栏标注了不同的百分比。这是产品经理在参考美术计划以及上次里程碑的验收情况下，对本次里程碑开发内容的完成度设定的目标，完成度定义如下：

50%：完成完整功能，等待资源；

80%：完成功能，资源到位，待下一个版本优化；

100%：完成的资源与功能，且优化到玩家体验的标准。

类别	内容	内容细分	优先级	负责策划	目标完成度
玩法开发	剧情		高		80%
			高		80%
			高		80%
			中		50%
			中		50%
			高		80%
	副本		高		80%
			高		80%
			中		50%
			中		50%
	常规任务		高		80%
			高		100%

图 2-11　Alpha 开发里程碑计划

执行策划根据完成度的定义，可以更好地确认具体的开发范围，也为相关 UI 和美术计划的制定提供了更多参考。很大程度上提高了预估的准确性和计划的可靠性。

同时，一个大的玩法的制作周期可能会跨越一个里程碑以上的时间，做计划时建议对于大的系统进行细致的拆分，区分子系统开发的优先级和范围。例如做帮派系统，帮派系统内有包含帮派的创建，合并，升级以及对应的帮派任务和玩法，在做计划时需要细致划分哪些子系统是要在当前里程碑完成的。

2.4　不同阶段的开发计划制定

不管产品处于哪一个阶段，计划制定的整体思路的是一致的。流程上来看，包括：需求收集，需求拆分，优先级划分，工时预估，人员分工，划分版本，确认各环节期限等。不同的产品阶段，产品与团队的特性不同会让计划制定有不同的侧重点与注意点。分析当前阶段产品与团队的特性有助于我们更好地制订与调整计划。

2.4.1　Demo 阶段计划的制定

Demo 阶段的典型特点就是主要分为两方面，一是时间紧，二是不确定性高。时间紧很好理解，需要在 2 到 3 个月的时间内制作出高质量的产品 Demo，同时面临着过审的压力；不确定性高主要包括以下 3 个方面：（1）Demo 期间需求变更大且频繁；（2）完成的标准与实现的标杆存在不确定性；（3）技术实现方式存在不确定性。还有其他问题诸如：团队磨合尚未成熟，人力存在短缺等。完成一个好的计划只有模板还是不够的，以下针对时间紧和不确定性高的特点，分别列举需要注意的点。

/ 明确最小范围

好的计划是成功的一半，在 Demo 时间紧，人力不多，且需求不稳定的情况，最忌讳的就是期望将 Demo 做大做全，这样做有很大的可能会影响到产品的最终质量，且无法按时完成 Demo。在制定最早的 Demo 规划时，我们需要首先确立能够体现产品特色的最小范围。最小范围不是指具体的需求内容，而是能够满足产品核心玩法展现的最小需求范围，举个例子：

某 Demo 展示目标为 5 人组队副本，其中包括 2 个主角（主角 A 和主角 B）以及对应门派技能，1 个 boss，3 个小怪，以及副本场景 XXX。

在产品经理大致敲定最小范围后，需要联系程序、美术、UI、QA 等各职能预估大致的开发量，让 Demo 期开发内容在团队的承载范围之内；若最小范围过大，还需要考虑缩减范围或者更换制作方式。其中由于美术资源开发周期长且开发量大，需要尽量避免美术需求范围的变更，同时对于部分资源可以考虑公司的美术资源库，采用风格相近的替代资源。

在具体策划案完成之后，需要对产品的开发范围做进一步的细化，得出每个月乃至 2 周的中长期目标，以及周版本等短期目标。

/ 迭代周期的调整

在敏捷开发中，整体需求的不确定性越高，对快速验证的需求越会增加。在大致确定的范围内，可以通过适当增加迭代速率去让产品经理或策划去印证想法的效果。针对 Demo 期间需求变更频繁以及工期预估困难的问题，可以考虑缩短版本周期，将通常的周版本，加快到半周版本或者日版本。缩短版本的周期需要对需求进行进一步的细化，这能够帮助团队更好的拆分需求并预估工期，同时缩短版本时间能够加快策划审核的频率，并更好地适应需求变化调整的环境。

在日版本计划的具体制定见图 2-12：通常，项目依然是按照周版本来进行计划的，在做计划的同时让开发人员预估到每一天，作为日版本的内容。

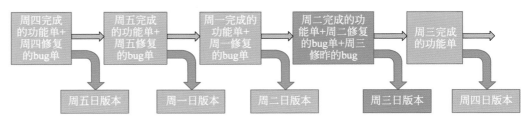

图 2-12　某日版本创新奖

/ 版本体验与验收

Demo 期由于还在标杆的制定中，策划很多时候并不确定自己想要的最终效果，如果缺少了中间环节的验证，很容易导致最后产出的效果与设计期望不一致的情况。而在 Demo 期间留给我们做迭代调整的时间往往又是不够的。因此在我们制订计划的时候，可以整理出阶段性的可体验目标，以便我们对于游戏进行体验与验收。图 2-13 为某产品 Demo 期间的可体验目标。

图 2-13　可体验目标

功能验收离不开产品和美术计划的配合，图 2–14 该产品可视化版本的流程。根据产品需求的优先级和范围，美术将整体计划拆分到美术的周计划中。产品 PM 结合美术每周到位的内容，可以确定周版本的可视化内容与体验目标。

为了能提前验证设计的方向和想法，在前期缺少正式美术资源的情况下，建议利用替代资源进行初步的玩法验证，当正式资源到位后再进行替换。对于 3D 产品来说，也可以用正式资源的中间产物来进行验证。例如在副本开发中，在场景的白模阶段，就可以对地形以及战斗流程做初步的验证。

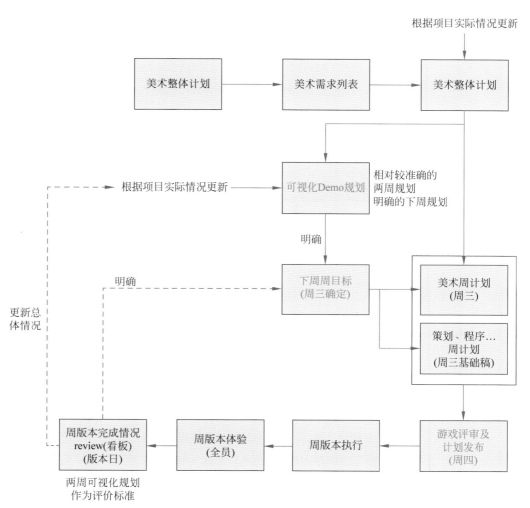

图 2-14　可视化版本流程

/ 如何应对标杆不确定

在 Demo 期间，美术与核心战斗体验的标杆还未确定，不少玩法与核心战斗相关的需求往往较难确定完成的标准与节点。而 Demo 的周期与评审时间是确定的，因此我们需要在这不确定的过程中把握住确定的内容：

（1）尽早确定相关标杆与标准。这是应对标杆不确定最直接也是最有效的办法，但往往实现起来有较大的难度。

（2）明确逻辑完成的时间节点。在 Demo 核心战斗打磨过程中，表现上的优化往往需要较多的时间，但是逻辑的开发是比较明确的，我们可以提前确认清楚功能逻辑开发完成的时间节点，保证该功能或者玩法是可以验证和测试的。

（3）预留迭代的时间，并倒推期限。在 Demo 提交 UE 测试之前，至少提前一周停止新功能的开发，用于回归测试与 Bug 修复。在回归测试前一周，至少预留一周以上的时间用于资源的导入调试与迭代工作。但迭代的工作是需要在每周的开发过程中持续进行，而不是积累到最后时刻再做大调整。

2.4.2 Alpha 阶段计划的制定

Alpha 期的定义是从 Demo 期结束到工作室内测。在 Demo 期确认标杆后，Alpha 期主要是以系统与玩法的铺量开发为主。通常来说，Alpha 期是开发比较稳定的时间段，计划的调整与变更不如 Demo 期频繁，但持续时间较长，以下从两个角度来谈此阶段计划制定的要点。

/ 产品与美术计划的配合

1. 产品与美术开发顺序的协调

根据经验，产品的开发顺序一般是按照玩家游戏体验的顺序进行的，优先新手教学与前期内容的开发，后进行玩法副本铺量。而美术倾向于根据制作难度来排序，即把要求更高的、完成难度更高的资源，放到后期进行开发，这样在前期有一定的技术储备和经验后往往能产出更好的效果。新手以及前期的美术资源，往往会比后期体验的美术资源要求更高。美术会希望新手期资源放到最后来开发。这样会造成产品期望的优先级与美术期望的优先级有一定冲突，根据产品类型的不同，可以选择不同的解决办法：

一是，MMO 类型产品：MMO 产品对阶段性版本完整性体验的要求较高，因此开发过程中一般遵循产品的优先级需求，先完成新手与前期美术资源的开发。为了提升新手与前期美术资源的效果，在完成第一版本的资源的同时，后续会留时间对新手与前期玩法相关资源进行迭代与优化。

在某 3DMMO 产品的开发中，在完成 Demo 副本的制作后，优先开始新手剧情与新手副本的制作，以及前两章剧情的开发，保障前 15 分钟的完整体验。同时在美术计划上，留有后续迭代的时间，计划在后续铺量完成以后对于部分内容进行迭代和优化。

二是，ARPG：由于 ARPG 的副本推图，其体验相对较为独立，可以考虑将前期的副本放到后期进行开发。具体需要产品与美术协商决定里程碑，周版本与美术计划的配合。

2. 里程碑，周版本与美术计划的配合

（1）里程碑与美术计划的配合

对于产品，一般在年底会做下一年的美术预算与规划，但是产品在制定具体里程碑的过程中往往会调整制作的优先级。对于次时代制作的产品，由于美术制作的周期较长（场景与角色通常需要 3 个月的周期），一般在当前里程碑开发过程中，就需要确认下一个里程碑的美术资源的优先级并提前开始开发。若下个里程碑开始时才开始里程碑内美术资源的制作，对美术制作来说往往有很大的进度压力，往往很难产出百分百的资源效果。

（2）周版本与美术计划的配合

在制订每周版本计划时，需要提前确认美术资源到位的节点，及时调整产品周计划。另一方面，产品临时增补的一些美术需求，需要提前至少一周提出，以免打乱美术现有的开发计划。对于某些长期进行的迭代工作，如主角技能迭代调优，可以每周提前预留固定的时间给相关动作和特效开发人员，这样可以及时响应当周策划提出的迭代需求，以免反馈周期过长。

/ 里程碑计划的制定——不确定性锥形、渐进明细与范围定义

不确定性锥形

开头先引用我们在研发过程中总结的一个数据，如图 2-15 所示。大家在 Alpha 期制订计划以及跟进时，经常可以看到计划与执行结果有着较大的差距。这些出入有很多原因造成，包括计划层面与执行层面。而不确定性锥形从理论上为这种误差提供了一种解释。

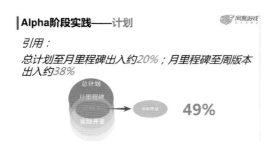

图 2-15　Alpha 阶段实践——计划

图 2-16 称之为"不确定性锥形（cone of uncer-tainty）"，由 BarryHoehm 在 1981 年绘制。简单来说，不确定性锥形显示的是项目早期制定的计划偏差相当大，随着项目的推进，计划的偏差会越来越小。如图 2-16 所示，在项目的可行性分析阶段，计划的估算误差可以达到 60%~160%，而在具体需求确定后，计划误差依旧可以达到 ±15%。

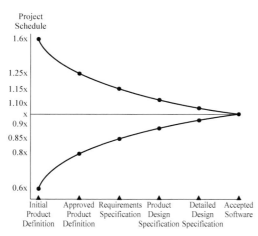

图 2-16　不稳定性锥形

PMI 对于估算的渐进准确性也有相似的看法，不过 PMI 认为这个不确定性是不对称的（参

看 PMBOK®指南 a）。在数量级估算的阶段，误差范围是 +75%~-25%。概率估算误差范围是 +25%~-10%。确定性估算的误差范围时 +10%~5%。即 PMI 认为大部分情况下，项目计划都低估了所要开发的内容，所以实际花费的时间大部分要比计划规划的时间要多。

在了解以上理论之后，我们就可以更好地理解上述列举的数据中所谈到的计划与执行的偏差。不管是在制订里程碑计划还是在制订具体周计划时，需求都未完全确定，这对预估会造成很大的困难。计划时间跨度越大，所制定的计划的准确性就越低。针对这个问题，我们有两个方法去解决：渐进明细的计划过程，更加合理的范围定义。下面做详细介绍。

渐进明细的计划过程

如果一个月的计划是很难准确定义的，定义一周的计划是不是会相对可靠些？每日的计划是不是可以做到相当准确？渐进明细的计划过程，就是要将大的计划拆分为分层次的小计划，然后根据产品开发的优先级逐步推进。以里程碑计划为例，我们在制订大概的里程碑范围后，就可以将里程碑细化成周版本来执行；若在一些特殊时期，我们还可以把周版本细化成日计划或者日版本。计划的细化过程中，就是一个将需求拆解与明确的过程，这提高了我们短期计划的准确性；当前的计划制定与执行，我们都尽量确保优先进行高优先级的开发内容；而我们通过短期计划的实际进展与反馈，可以进一步细化与推动后续的短期计划。

所以计划的制定不只是一个结果，而更像是一个过程，需要持续进行。在我们制定了最初的里程碑计划后，需求根据细分计划的推进与反馈去做调整。敏捷开发中，里程碑的人力与时间往往是确定，而计划完成的特点是有可能改变的。因此在我们游戏开发中，我们不能指望定好一个大而全的里程碑计划后，在不调整计划的情况下，能毫无偏差地完成所有内容。那么，里程碑的范围应该怎么制订比较合适呢？请看下节阐述。

范围定义

看完上面渐进明细的计划过程,有人会问了,如果我想要的功能点做不完怎么办?如果要中期评审,我该怎么确认评审的内容?这里就涉及计划中范围的定义,这是我们计划过程中经常忽视的内容。

在里程碑计划制定中,我们往往期望产品能完成所有里程碑的内容。但是预估的困难导致我们很难确定这些内容是否在产品的承受能力范围之内。而在预估的过程中,我们又往往高估了产品的开发效率,导致计划无法按期完成,或是开发过程中长期加班,质量下降等问题。分层次的完成目标可以给我们提供一个解决问题的思路。

图 2-17 是 Alpha 期间某 3DMMO 产品其中一个里程碑计划的截图。可以看到里程碑内对于完成优先级进行了定义,分为了高和中两种。优先级除了定义开发的先后顺序和重要性外,我们还定义:高优先级内容为里程碑内必须完成的内容,中优先级内容争取在里程碑内完成。里程碑制定的过程如图 2-18:

类别	内容	内容细分	优先级	负责策划	负责客户端	负责服务端	负责QA
玩法开发	剧情		高				
			高				
			高				
			中				
			中				
	副本		高				
			高				
			高				
			中				
			中				
	常规任务		高				
			高				
系统开发			中				
			中				
			高				

图 2-17 某里程碑计划截图

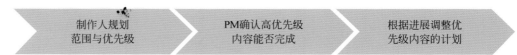

图 2-18 里程碑制定过程

(1)产品经理根据之前里程碑的内容来规划本次里程碑的大概范围,并划分优先级;

(2)在里程碑范围的基础上,PM 对具体开发内容进行初步排期,重点确认高优先级内容是否能在里程碑内完成,并对计划进行调整;

(3)在计划执行的过程中,若开发进度不如预期,我们会将开发重心放在高优先级的内容,保证其完成;在有余力的情况下,会并行开展中优先级的内容,并在中优先级内容进展理想的情况下,将其也列为里程碑需要完成的内容。

完成目标上的划分计划执行过程中更具有弹性。和一股脑所有东西都要做完的计划相比，完成目标上的划分可以让开发过程目标更加明确，同时也不会给团队带来太大的压力。

另外，如果产品能够较为准确地预估里程碑各项内容的开发量，建议里程碑的工作量定位团队最大工作量的 80%，留有一定迭代缓冲的余地。

关于不确定性锥形的理论，渐进明细的计划过程，分层次的范围定义，除了在 Alpha 阶段里程碑计划制定中用到，在其他阶段的里程碑计划中同样可以运用。例如 Demo 期最小范围的确定和 Alpha 期里程碑中高优先级的必须完成内容，其背后的道理是类似的。但在不同阶段由于产品特性的不同，在实际运用中会有一定差别，例如完成标准的定义在 Demo 阶段就并不容易实现。

2.4.3 测试期与上线期产品计划的制定

测试期包括工作室（事业部内测），公司内测，小范围玩家测试，渠道测试。由于测试期与上线期产品的开发状态有不少共同的地方，因此放在一起进行分析。相较于 Alpha 期，测试期与上线期对于时间节点的要求更加严格，同时产品的质量要求也比 Alpha 阶段更高。需求的控制，Bug 修复与开发的平衡与提前规划上线期计划是在这个阶段制订计划中需要注意的点，以下进行详细介绍。

/ 修复与开发的平衡

1. 产品计划中需要预留回归测试时间

为了保证产品测试的质量，一般在开启测试或者上线前 1 到 2 周的时间，将会停止产品新功能的开发，进行回归测试与 Bug 修复。需要注意的是，一般来说，在测试期与运营期，保证产品质量的稳定要比多开发几个功能点重要。

2. Bug 修复需要纳入产品的开发计划

产品的 Bug 数随着测试期临近，一般有增加的趋势。图 2-19 是某游戏在渠道测试前新增 Bug 与关闭 Bug 的趋势（渠道测试时间为 2016 年 1 月 12 日）。可以看到在渠道测试前，新增 Bug 的数量是逐渐增加的，在其他项目的复盘中也可以看到类似的现象。

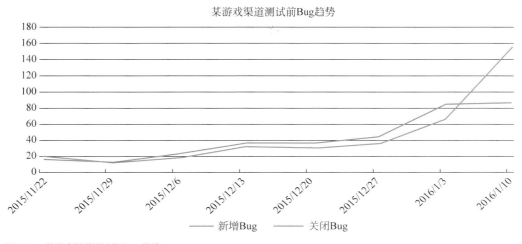

图 2-19　某游戏渠道测试前 Bug 趋势

新增 Bug 的不断增加，若在 Bug 修复不及时的情况下，会导致累计 Bug 的增加以及产品的质量隐患。因此产品有必要根据累计 Bug 的情况来安排 Bug 修复计划，包括：

（1）整理当前剩余 Bug 的优先级，阻碍性 Bug 需要尽快在当周版本内修复；

（2）除开阻碍性 Bug 以外，建议将剩余 Bug 内容与当前开发需求做优先级权衡，将重要的 Bug 放入开发计划中进行管理。

3. 测试期间 Bug 修复与开发的平衡

由于测试期会有玩家与运营反馈大量 Bug 与需求，且 Bug 和建议反馈量不可控，因此在测试期的第一周不建议安排大的制作工作，主要针对 Bug 及时进行反馈与修复。为了保证 Bug 的及时修复与放出，测试期间可以采取日版本的方式，每日发放 patch。

在测试的中后期，由于新增玩家减少与活跃度下降，测试反馈的 Bug 量会减少，此时产品可以继续正常的功能开发。

/ 提前规划运营期的放出内容

提前规划运营期的放出内容是在上线阶段，甚至测试期就需要考虑的重要事项。这里需要包括两个方面：

1. 内容储备

运营期玩家消耗内容的速度，往往会超过产品开发内容的速度。因此产品需要上线时有一定的内容储备。换句话说，产品在上线前开发的范围，不止有上线时放出的内容，还包括部分上线后放出的内容。一般来说，产品经理会对于内容的放出做好提前规划，权衡哪些内容上线时直接放出还是留到后续放出。PM 需要与产品经理确认好产品在上线前的开发范围与时间点，以便有良好的储备开发节奏。

2. 开发周期

部分运营期的开发内容，由于开发周期长，需要在上线前就提前开始。产品在上线前一般会规划好第一个资料片以及前几个活动的时间点，根据开发内容我们可以倒推出开始制作的

时间点。对于制作量比较大的内容，我们是需要在上线前提前开发的，尤其是对于美术资源来说，一般开发周期较长，在上线后临时规划的美术需求往往会给制作和进度带来很大的压力。因此，这里建议对于上线后的放出的美术资源，最好能提前半年进行规划。

2.4.4　运营期产品计划的制定

运营期产品的计划制定主要有：日常周版本放出计划和资料片放出计划。运营期产品在制订计划上有两个显著的特点：一是放出内容直接面对玩家，有着严格的质量要求；二是重要的放出内容，如活动和资料片，有确定的节点，产品无法接受延期带来的风险。针对这两个特点，以下进行具体阐述。

/ 周版本测试放出流程

运营期内容的放出与改动都会直接影响到玩家的留存与收入，因此保证运营期放出的质量是需要特别注意的点。在过去一些端游的实践过程中，形成了这样一套机制，在开发内容放出前，除了正常的 QA 测试以外，还需要经过 UE 测试，试玩服务器测试，部分服务器测试等相关测试步骤，以保证放出内容的质量。

根据放出内容的复杂度和重要程度，可以选择不同的测试流程。以某端游为例，并非所有的放出内容都要经过如图 2-20 所示的 7 个测试步骤，有些比较简单的内容，就会跳过试玩和部分服务器测试，直接全服放出。而根据这套流程，开发单分为制作单和维护单。制作单即我们理解的系统与功能开发单。维护单即某个周版本需要放出的内容，包括试玩服维护单，部分服务器维护单，全部服务器维护单等。在完成制作单的测试以后，策划会根据放出的时间需要提出维护单。如果某些制作有着特定的放出时间要求，那我们制订计划时，就需要提前考虑这套流程测试所需的时间。例如：端午节活动按照过去的经验如果需要试玩一周，部

分服务器测试 2 周才能全服放出，那么提前放出 3 周就需要完成整体开发与测试，相应的文档和资源的时间也需要往前提前 3 周。

QA测试 〉 内部玩家 UE 〉 策划跑测 〉 外部玩家 UE 〉 试玩服测试两周 〉 部分服测试两周 〉 全服放出

图 2-20　测试步骤

这一套流程目前同样也应用在手游当中，不少畅销手游都引入了测试服的概念，即产品新开发完成的内容首先在测试服务器中放出。如果放出内容有质量问题，这样只影响到一个服务器的玩家，风险比全服放出来的小。在测试服务器的测试的时间根据产品放出的内容和需求来决定，一般需要为一到两周。

/ 资料片放出计划

由于资料片的放出计划需要提前向玩家公布，并且涉及营销宣传的成本，产品是无法接受资料片跳票这种后果的。对于资料片以及其他有固定放出时间节点的内容，我们一般通过倒推的方式来保证资料片的正常放出。方法如下：产品与营销讨论确定放出的节点，然后估算整个测试流程的时间，程序、美术、UI 的开发时间，策划文档设计的时间，来倒推需要什么时候来启动资料片的开发，以及各个环节的期限。

2.4.5　不同阶段计划制定总结

表 2-1 对上述开发阶段的特点以及计划制定的特点进行总结。虽然可以看到各个阶段中计划制定的注意点不尽相同，但是总体而言是根据项目管理的三角理论，通过分析当前阶段的约束，然后采取不同的计划方式。

表 2-1　不同阶段特点与计划制定特点一览

	demo	alpha
阶段性特点	1. 时间紧 2. 不确定性高	1. 周期长 2. 开发节奏较为稳定
计划制定特点	1. 明确最小范围 2. 缩进迭代周期 3. 注重版本体验与可视化阶段目标 4. 明确逻辑完成的时间点，预留迭代时间 5. 及早明确标杆与完成标准	1. 产品计划与美术计划的配合 2. 渐进明细的计划过程 3. 范围定义：分层次的完成目标与完成标准

	测试和上线	运营
阶段性特点	1. bug 量增加 2. 运营期内容储备	1. 质量要求严格 2. 放出内容有确定档期，时间点压力大
计划制定特点	1. bug 修复与开发的平衡 2. 提前规划运营期的放出内容	1. 测试放出流程 2. 倒推计划

从图 2-21 的对比图上可以看出，瀑布模型是基于一个稳定的项目范围，来进行人员和时间进度的规划，属于计划驱动型。敏捷模型是基于稳定的团队和时间，以价值作为导向的，来调整项目的范围与优先级。

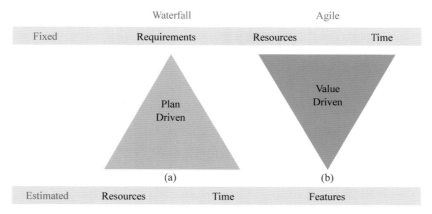

图 2-21　瀑布模型

在不同的产品以及产品的不同开发阶段，以上理论的实践有不同的表现形式。例如在 Demo 期，项目的时间和人力资源是相对固定的，而需求存在很多不确定性，这时候我们更多需要去考虑如何解决范围上的问题，包括最小范围确定、及时确定标杆等，即图 2-21（a）所示的 Agile模式。随着项目的逐步推进，产品需求将会逐渐稳定与成熟。到了运营期，项目在资料片内容以及活动放出上的需求相对是固定的，这时候就需要我们去倒推开发所需的时间和所需要的资源，这时候采取的是相对靠近瀑布开发的计划模式。这里值得注意的是，虽然运营期的内容放出很多时候有固定的节点，但是开发周期并不是固定的。不同于 Demo 期只有 2 到 3 个的时间段开发，运营期内容所需的开发时间可以根据倒推来决定，3 个月不够那么就提前 5 个月开始开发。同时，在人力方面，根据产品运营期的表现，人力上有比较多可以争取的空间。

同时，对于不同的游戏类型来说，其适合的计划方式也是不同的。例如换皮产品在需求上的不确定性就较少，可以采用更加接近瀑布的开发模式；而在开发 VR 游戏，或者制作新类型的手游时，采取的会是更加敏捷的方式。但总的来说，在手游开发过程中，主要采用的是渐进明细的敏捷计划方式，期间需求的确定性与时间上的限制将对我们完成计划任务产生最重要的影响，做计划时需要灵活应对。

2.5　项目进度计划的执行

2.5.1　进度控制

当 PM 费尽心思制订出了一份合情合理的计划，并得到关键干系人的认可后，理想情况下团队成员会按照计划顺理成章地执行。但在互联网大环境下，特别是在游戏行业中，流行着一句真理"唯一不变的就是变化。"在计划执行过程中，经常会有不同的变更产生，对已有计划的进度产生影响，

PM 需要及时对其进行控制。因此如何控制计划的执行，监督项目的活动情况，及时识别风险帮助决策者做出正确决策，也是 PM 的重要使命。

/ 团队约定

一份计划的推进，要 PM 在项目进行中不断地"鞭策"团队执行，"鞭策"的力度和方式必须取决于具体的任务和执行者。计划在开始执行前，需要责任人明确且认可交付时间，并和各环节制作人员达成交付节点的约定。计划的制订过程中已经充分考虑上下游的衔接与各环节的余量，因此团队需要严格依照约定的时间节点按期交付。

提升节点公信力：与干系人达成一致的各类节点后，需要通过周报邮件、主管会等方式传递到团队中。主管会，就是和项目内各角色主管定期举行的项目会议（见图 2-22），一般游戏团队包括产品经理、主策、主程、主美、主 QA、主 UI、主运营、主营销等主管角色，能够定期让这些主管面对面讨论计划的安排，对项目的进展至关重要。在主管会上，大家一起审视计划合理性，强调计划重要性，让产品干系人达成一致意见，这样推动整个团队达成统一，就简单了很多。

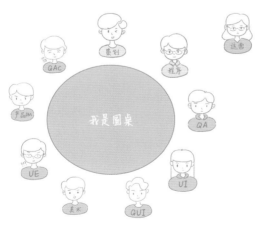

图 2-22　计划圆桌

同时项目计划中的部分时间节点可以与营销节点挂钩，给项目组强烈的时间概念驱动团队。手游项目中常见的营销节点有苹果 /GP 推荐、公司内部资源档期、营销外部源、代言人、玩家活动、嘉年华、周年庆、传统节日活动等。这类节点与外部氛围有关系，有强烈的时间概念，会让项目组全体有一个明确的时间节点推动按时交付。对于产品 PM 来说，制订计划的目标就是让计划顺利完成，计划中的时间节点必须是合理可行的。

很多情况下，一个制作周期越长的项目，在制作过程中越易出现问题，例如各环节的协调问题或是开发中遇到了没有预料到的技术瓶颈。因此团队在一开始的约定，可能会出现不同程度的变更。如果问题没有及时被发现，按照错误的路线制作需求，必定会在交付时无法完成验收，造成人力的浪费。因此，针对团队的约定，需要在适当时候重新检查，长周期任务至少安排一周一次的进度重审，重点任务安排更多次重审。当然，这种类型的重审必须注重会议效率，重审的重点就是沟通重要问题和检查进度，以及同步各方在制作过程中发现的潜在风险，对上一次的团队约定进行检查和阶段性验收，也可以说是对里程碑节点的进一步细化跟进。一项长期任务的风险等于各个阶段风险的集合，而风险越早被发现解决，挤压膨胀的可能就越小。当 PM 合理调整使其成为合理的共识之后，团队将及时做出调整，避开风险。

考虑各环依赖关系：项目执行过程中存在三类依赖关系，个人人力依赖、整体人力依赖和技术依赖。个体人力依赖，需要产品 PM 梳理和预估核心人员档期，避免任务执行过程中冲突，必要时再次调配分工。对于整体人力依赖，产品 PM 则需要梳理内容范围和优先级，必要时删减需求、延后需求或者分几期外放。对于技术依赖，产品 PM 要和各环节负责人及时沟通梳理技术难点，针对新制作的玩法要考虑性能要求是否可以满足、是否引擎改动、是否需要整包更新等依赖关系。对于全新的制作内容，一般分配有相关经验的人员负责为宜，同时考虑是否要为其预留时间和人力进行技术预研。例如核心系统玩法正在迭代占用较多人力，则需要取消或者删减节日活动的制作，核心玩法对游戏本身影响更大而节日活动更需要考虑时效性，因此考虑人力的依赖，可以推进策划删减制作范围以达到活动玩法外发的时间要求，同时保证制作的质量。

加强审核：流程设置遵循两点，主管审核和专家检测。主管审核，就是为了增加节点权威感，高管级别需要审核项目成果，无形中就给负责人和执行人一定压力。专家检测，取代内服测试和部分玩家测试，可以压缩测试周期，得到有效的改进反馈意见。以某个成功运营三年多的项目为例，除了沿用稳定的周版本流程，还根据需要增加了支线流程。增加策划拍砖环节，提升策划设计的可玩性，增加 UX 跑查环节，内容外放前由 UE 成员对界面友好度进行跑查；增加美术审核流程，由美术成员对外放资源压缩后效果进行审查；增加 GAC 跑查环节，外放前由 GAC 成员对游戏品质进行跑查；增加半成品审核流程，局测外放前一周需要提交主策审核，借以辅助策划验收，保证外放质量。

支线流程的目的是提高外放质量，具体需要审核和跑查的内容可以由主策及各主管挑选进行审核与跑查。如资料片、节日活动等类型的重要外放内容，可以提前内部达成共识，必须进行审核与跑查。

/ 状态监控

PM 要时刻知悉计划的执行情况，必要时需将具体的进度同步到关键干系人，因此进度需要被描述出来。使用如 Project 等专业软件可以多维度地跟踪计划的需求、人员、流程等计划内容。在一般情况下，进度可以使用已完成工作量人天以及任务完成百分比统计在排期表中，当然前提是一份任务排期表应制作得足够细致，至少细化至制作周期的各环节节点。

如实反映实时的进度情况，便于团队预知未来的进度发展趋势，在关键点时间节点前能做出更有效的调整以保证整体的进度，甚至能够帮助 PM 把先前计划中的长远目标进一步划分为若干个小目标。进度的算法要考虑到不同任务的实际情况，由各环节执行者反映得到完成度，需由 PM 根据任务和人员本身特点估计真实完成度，必要时可以请求职能主管协助评估，以此计算任务整体的进度。具体需求的总体进度等于各环节进度的加权和，一般要考虑到 UI、程序开发、QA 测试环节存在一定程度的并行。所有执行内容依赖策划文档进行，为了较少制作过程中的返工，需要保证策划文档的完整稳定，因此文档环节的进度一般不并行计算。

假设一项任务可以拆分为 N 个子任务，每个子任务由 M 个环节构成。其中，第 i 个子任中第 j 个环节的完成度用 F_i^j 表示，其权重系数用 k_i^j，$i=1$，……，N　$j=1$，……，M。

$$总完成度 = \sum_{i=1}^{n} \sum_{i=1}^{m} k_i^j \times F_i^j$$

如何设置进度的各项权重，需要根据实际情况制定。通常情况下，权重需要按照预估工作量的比例来分配，计算时对权重系数归一化得到总完成度的百分比值。特殊的子任务或是环节可以视情况调整权重：例如，为了增加团队紧迫感，重要环节的进度权重可以设置得小一些，使得该环节完成度不高时整体进度的展示相对较小。例如一个文档完成进入制作状态的新建筑，UI 估计人天 6，已完成 85%；客户端程序开发估计人天 10，已完成 50%；服务端程序开发估计人天 10，已完成 50%；测试估计人天 6，已完成 20%。若用预估人天作为权重，该建筑完成度 =（6×0.85+10×0.5+10×0.5+6×0.2）/（6+10+10+6）=51%。

同样，对于里程碑或者某个版本内的进度监控，也可以用该公式统计各个任务的完成度之和。例如，里程碑包含多个系统功能的制作，里程碑的总体进度等于各个系统功能的进度加权和。其中每项系统功能的进度又等于其子需求和环节的进度加权和。

但是对于长期的任务，因为需求存在较大的不确定性，对于个别中长期任务的监控参考意义较大，但整体的状态可能出现偏差的。

在预期的理想情况下，计划的总体进度应该随着时间的增加平稳地线性推进，在预期的交付时间稳定完成子任务和子环节。完成度的监控直接反映制作的进程，PM 应及时关注。例如图 2-23 统计的里程碑进度表中，在某一次进度审核中发现，活动玩法 a 制作缓慢，存在进度风险，应及时同步到关键干系人，由此判断是否要对该内容做出调整或者强制手段避开风险，保证交付的时间和质量。

渠道测试里程碑		完成度	权重
●	系统功能a	70%	0.2
●	系统功能b	85%	0.3
●	活动玩法a	35%	0.1
●	活动玩法b	60%	0.2
●	迭代需求	45%	0.2
●	整体完成度	64%	

图 2-23　里程碑进度表

除此之外，项目的人员状态也应该被同时记录，这些变化可能会对未来的进度产生影响，需要实时监控，提前做出调整。例如在法定节假日前提前搜集额外请年假的人员信息，提前调整范围或调配人力。

2.5.2　趋势分析

/ 客观分析

进度的趋势分析主要两种方式得出，一是上文提到的进度表（通常为计算得出的百分比），二是团队的燃尽图。

进度表：首先，由进度表会得到各项任务的进度百分比，和整体版本或是里程碑的进度情况。PM 及时更新进度表，并通过周会、周报的形式汇报给项目负责人和整个团队，分析出目前项目进度的状况。从数值量化的进度图表中，可以直观地看到各部分的具体执行情况与整体

进度，如果进度滞后的任务则可明显地被发现，帮助团队快速定位项目的瓶颈。根据任务交付剩余时间和进度，可以识别出项目整体及局部的风险和问题，对进度滞后的内容采取相应的措施。

燃尽图：使用燃尽图反映团队的整体进度和效率情况，它记录实际的工作进度，把工作拆分成若干工作要点，完成一个就减去一个，以此来衡量工作距离全部完成的剩余时间。易协作平台以 Burn up 燃尽图记录需求单的完成情况，完成一个就增加一个。当需求单的工作量相当时，即按照相似的拆单规则拆单后，燃尽图可以较为准确地反应团队的周版本的开发状态。

在周版本开发过程中，燃尽图以稳定斜率增长说明开发压力较为平均，理想情况下为过原点的一次函数。如燃尽图近似线与横轴的交点靠后，说明团队的周版本压力分布不均，团队在周版本开始时等待需求，在周版本后期集中处理需求，是一种不良的工作状态。如图 2-24 为某个项目团队在两个周版本中的燃尽图情况，图 2-24（a）中的燃尽图反映出该周版本工作内容趋于理想状态（实际执行中完全达到一次函数的理想状态比较困难），周版本开始之后需求被持续制作完成，测试人力大约从版本第二个工作日开始测试工作，需求从制作完成到测试完成的速率趋于稳定，大部分需求在周版本过半的时候开发完成，策划和程序有充足的时间体验或是更早地投入到下周版本的工作内容之中。而图 2-24（b）中燃尽图增长缓慢，在周版本开始的前两个工作日内，需求内容基本都处于开发状态，几乎没有需求提交测试，测试人力大多处于等待状态；而在该周版本的后两个工作日，大量需求集中提交测试，在测试人力有限的情况下，测试时间被压缩，测试不充分会导致产品的质量存在风险。出现此情况的原因可能是计划制定得不合理，例如当周版本存在过多制作难度较大的任务。某个工作量爆炸的版本可能导致阶段性 Bug 增多，

增加更多修 Bug 与 merge 的人力成本，下游任务出现堆积的恶性循环。因此，当 PM 觉察到某个版本出现燃尽图曲线后置的情况，需要及时关注项目整体的情况，及时对下游任务进行调整，保证项目长期的质量和稳定。

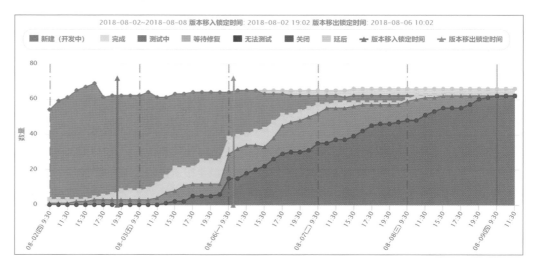

(a) 接近理想状态的Burn-up燃尽图

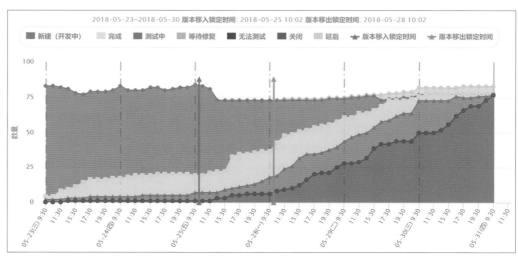

(b) 增长缓慢的Burn-up燃尽图

图 2-24

/ 主观感知

同样，PM 需要及时和各个接口人同步项目或者具体任务的进度，然而大多数人对于进度的评估会是乐观的，特别是在没有拿到具体量化进度的时候。PM 必须时刻保持头脑清醒，时刻关注着项目的进展。例如，新制作系统如果很复杂，或者关联了更多的系统，就意味着它需要更多的时间来迭代。又比如某一阶段策划都在专注系统跟进没有写文档，未来就可能会出现外放内容不够的一段，而策划堆积交付文档，就需要合理调整优先级，以防出现任务的堆积。

关注任务的连续性：通常情况下，大多数任务的开发流程都遵循策划文档－制作－测试迭代－外放的节奏。为了保证整个项目有持续稳定的产出，特别是运营期项目常以固定的节奏外放新内容，抓住玩家兴趣的新鲜度，保证游戏的生命力。因此，理想的开发进度中，每个阶段都应该有若干内容在开发，若干内容在制作，若干内容准备外放。PM 在制订计划时需要按此节奏去平均分配团队的任务，在实际执行过程中也需要及时感知节奏的运转。计划中的内容时常会遇到延期或者正常调整，因此如果在某一阶段出现了内容的空窗期，则必定会在后续阶段造成外放内容空缺或是任务堆积的隐患。具体来讲，在某一个周版本，大部分策划在关注现有内容的制作和迭代，没有策划在撰写后续内容的文档，则在未来几周内会必定会出现文档的空窗期，因此为了赶上外放内容，可能会出现文档赶工影响质量以及后续制作工作量堆积的情况。因此PM 需要帮助策划从源头上建立期排期的意识，在计划制定时考虑到团队工作节奏的平均；在计划执行中，如果发现了文档的空窗期，要及时调策划手头的工作，比如根据优先级将迭代任务延后，及时调整策划同学去进行文档准备工作。

例如使用图 2-25 样式的策划文档及外放统计表，可以直观反映各个策划文档产出与功能外放的情况，理想情况下每个阶段的文档输出和外放内容都应该平均出现。如果出现红色框内的文档空窗期，PM 要及时跟主策反映，并帮助策划合理调整文档制作时间或推进主策及时分配新内容的任务安排。

版本	10月24日	10月31日	11月7日	11月14日	11月21日	11月28日	12月5日	12月12日	12月19日
策划文档									
策划a同学		活动A							
策划同学	活动B					圣诞活动			
c同学									
d同学			活动C						
外放计划	10月24日	10月31日	11月7日	11月14日	11月21日	11月28日	12月5日	12月12日	12月19日
a同学	战斗迭代			活动B		活动A			
b同学								圣诞活动	
c同学		新建筑A							
d同学			新建筑B				活动C		

图 2-25　策划文档

2.5.3　采取行动

当 PM 从客观数据或是人员主观反馈上估计到计划执行的情况和项目发展的趋势后，需要根据计划内容对项目的当前风险做出评估。如果发现执行与计划出现了偏差，必须及时做出调整以应对问题、消除偏差，以避开整体项目存在的风险。以下结合周版本的开发方式，谈一下控制进度的方式。

/ 灵活调整

某些计划的变更在项目管理过程中可能会反映出计划制定得不合理，但拥抱变化也是敏捷项目管理实践中必须经历的事情。一般来说，每个里程碑甚至每个具体的主任务中，都存在核心需求和高优先级的子任务，计划执行的结果往往取决于这些核心需求的完成情况。因此，计划的执行通常以保证核心任务为目标。换句话说，在最开始制订计划的时候，某些低优先级的任务从最初就被当作是"缓"。

优先级调整：当项目整体计划执行缓慢的时候，可以依照优先级对制作内容进行调整，以保证核心需求的质量和按时交付。在人力资源有限的条件下，当某些核心需求出现了延期风险，可以适当得舍弃一些低优先级任务，抽调人力优先支援核心需求的制作及测试，保证高优先级内容的计划按期交付。例如，一项制作周期一个月的资料片需求，在制作时间到达半个月时，进度监控的结果评估出明显不足 50%，因此需要及时关注该任务的具体情况，分析延缓的原因，视情况调整该系统在整体团队中的优先级。如该系统在制作过程中，发现了许多策划没有考虑到的遗漏内容，使得实际制作所需时间超出制作前评估的时间很多。这时可以抽调更多的人力来帮助制作和测试，比如放弃一些不重要的节日活动或者延后制作一些低优先级的迭代任务。但要留意一点，考虑到协同制作的代价，大多数情况下任务拆分到一定程度再想拆解给多人并行制作，协同制作的效率比损耗一部分人力，即 1+1<2。为了保证该资料片在 1 个月后如期面世且质量过关，另一种方法是删减制作或调整范围，比如先制作外放资料片中的重要玩法，剩余内容分批外放。

同理，在某些大型任务中，子任务的优先级也有高低之分，PM 在与责任策划和重要干系人达成共识后，灵活调整任务的重心，保证一些核心任务如期交付，一些低优先级的子任务可以顺排延后甚至将其延后至版本外或者里程碑外。

当然，项目计划的调整需要保证信息的及时传达。在识别风险之后，一定要确保风险及时同步到各方，确保给各个环节都留出想办法的时间和解决问题的时间。在想清楚后续的解决办法后，也要及时对后续的计划进行调整，同时通过任务通信群、周会、周报等形式传达到制作团队和全体干系人。

/ 强制手段

交付节点提前：在某些周版本出现任务堆积，需求井喷，工作压力分布不均，周版本完成时间到了深夜，燃尽图呈现后滞。这种情况下，可以使用一段过渡版本，将程序、UI、策划文档各环节的交付时间提前。例如原定时间节点为周三版本日，周二晚开发完成节点，前一周周五上班前为策划提单锁版时间。在过渡期，将开发完成节点提前至周一晚，将策划提单时间提前至周四晚 6:00，每周单量按此时间来评估。使得工作压力平均，让各环节在周版本的每个工作日得工作量平均分配。当然，这种流程节点的调整涉及整体的制作过程，因此需要根据项目的当前状况仔细思考，在调整时及时知会团队执行流程的变更。

提前锁版本：一份合理的计划制定时，会预留出一定范围迭代的工作量，但是这些迭代的需求往往是不明确的。同时每个策划希望自己负责的内容精益求精，因此在制作完成后不断提出迭代需求。迭代需求往往存在许多明显的低优先级内容，可以在保证核心内容完成的情况下顺排制作。周版本保证重要内容的外放前提下，才会去对迭代内容进行筛选。当然 Bug 性质的迭代需求大多数严重影响游戏品质，优先级都会比较高，不在被筛选剔除的范围内。

在游戏面临测试、上线前出现需求爆炸的阶段，为了保证计划顺利地进行，同时又保证产品的质量，需要留下充足的测试与回归时间。因此，控制新需求的插入是一种强制保证手段，在得到产品经理的授权之后，PM 可以通过强势锁本的方法提前控制需求的总量，之后产生的新需求，需要统一筛选，按照优先级移入版本，并由制作同学评估工作量达成共识后才安排制作，否则将延期制作。

加班：当交付节点不可延后，跟产品经理再三筛选后发现里程碑范围不能再削减，人力出现瓶颈的时候，只能通过加班来增加产出，按时完成计划。在项目的不同时期，应该以不同的态度看待的加班问题。例如项目面临渠道测试阶段，策划们的设想可以快速得到玩家的验证，在这样的阶段多制作需求的收益较大，因此加班不失为一种有效的手段。但随着加班时间的增长，团队疲劳度会逐渐提高，长时间加班之后整体的效率会下降，增加工作的人天和小时数，并不能继续迎来产出的如期增加。一般情况下，团队保持 996 或者 997 冲刺状态的时间不要超过 1.5 个月为宜，之后需要结合营销时间给团队一定的缓和调整时间。长期的加班也会严重影响团队士气，对团队成员的稳定性带来隐患。

2.5.4　小结

在计划制定之后，计划的执行过程依然需要 PM 时刻关注。PM 可以通过流程手段加强团队对于计划执行的约束力，也需要对计划的状态及时监控。客观的数据分析以及对团队的主观感知可以帮助 PM 及时发现计划执行中的风险。最后，在周版本的敏捷开发方式下，多从周版本和团队现状的关联入手，通过灵活调整和强制的手段及时调整计划的执行，是保证计划顺利完成的必要过程。

2.6　结束语

本篇幅较长，通过游戏行业的计划介绍，简单阐述了游戏行业计划制定与其他传统行业的区别。里程碑与周版本则是实际游戏开发中会大量运用到的方法实践。项目计划制定方法以及不同阶段的开发计划制定，更多的是从理论上去阐述如何根据项目的实际情况，因地制宜地选择最合适的计划方法以及后续的进度管理方法。希望对大家能有所启发。

03 屠龙刀——美术 PM 的计划制定和进度管理
Planning and Schedule Management-Art PM

PM 是做什么的呢？相信大家最直观的感受就是排计划和推进度。虽然 PM 工作内容远不止这些，但也间接说明了这部分工作——计划制定与进度管理的重要性。

项目是为了创造独特的产品服务或成果而进行临时性工作（PMBOK 指南中对项目的定义）。项目的临时性是指项目有明确的起点和终点。时间上的限制意味着我们需要对项目进行严格的时间管理。

项目时间管理，包括为管理项目按时完成所需的各个过程。PMBOK 指南把计划制定和进度跟进，都归类在时间管理过程组中，因此后文也把这两部分内容简称为时间管理。

3.1 项目时间管理的重要性

项目时间管理的重要性毋庸置疑，总结以下几点，方便大家了解游戏时间管理的目的和本质。

3.1.1 范围和成本的确认与时间计划互相依赖

图 3-1 是大家熟悉的项目管理三要素。只有确认了另外两个要素，第三个要素才能基本确认，范围和成本的确认与时间计划互相依赖。项目没有时间的规划，我们就没有办法知道在目标时间内，能否完成项目，能以怎样的质量来完成，能完成多少？我们需要投入多少人力和成本？没有时间管理，成本、范围和质量都将无法管理。

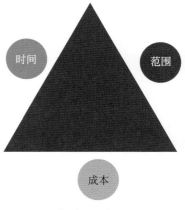

图 3-1　项目管理的三要素

3.1.2 清楚每一步的内容和目标

有了时间规划和管理，项目进行到了什么阶段，这个阶段的需求及目标是什么，当前的工作要做几天，接下去的任务是什么，大家都可以做到心中有数，每一步工作都会有条不紊地进行。项目中最怕的就是失控，一旦发生就容易恶性循环，忙于救火。

3.1.3 发现问题，暴露瓶颈，避免后期爆发灾难

这是项目时间管理最重要的一点。游戏敏捷开发中，时间规划和进度跟进的主要目的不是为了严格执行既定的计划，更重要的是将计划作为当前进度的一个重要参考，及时发现导致进度滞后的问题，不让问题在最后爆发。

举个例子，项目计划年底完成一个里程碑需求，在时间进行了一半时，项目的完成度没有达到50%。这时我们要做的不是不惜一切代价地按原计划完成需求，甚至牺牲品质或浪费成本，这样就本末倒置了。我们要做的是在进度跟进的过程中及时发现问题。如果我们发现任务完成是有风险的，目前的进度出现了滞后，那我们应该及时去找出导致滞后的原因，及时去纠正偏差，避免问题持续发酵而导致进度愈加落后。若等到里程碑需求要交付的那天才发现无法交付，很多问题未被解决，就非常严重了。

3.1.4 合理的开发顺序，让开发更高效，产出更有价值

游戏开发采用周版本进行快速迭代，每个版本都应该产出当前认为最有价值的内容。在做时间规划时，应将最有价值的需求尽早实现，并在快速迭代中完善，而低价值的需求我们放在后续的计划中。因为在开发的过程中，这些低价值的功能有可能会变更或者删除，这样做可以避免更多时间、成本的浪费。

3.2   项目时间管理基础知识

项目时间管理基础理论知识包括计划制定和进度跟进两部分。明确的范围是计划制定和进度跟进的前提，同时因为需求变更比较频繁，范围的管理也一直贯穿在时间管理中进行。这部分内容可以通过阅读本书范围管理专题来了解。

3.2.1 计划制定

计划制定在创建完工作分解结构（WBS）以后，我们需要经历以下步骤：排列顺序，预估时间和制订计划。

/ 排列顺序

排列任务先后顺序考虑的因素比较多，项目复杂、参与人员多、和外界因素相关性大，排列顺序的难度都会更大。

下面列举一些主要因素：①优先级。需求的重要性，紧急度和性价比高的需求优先级更高，我们需要优先安排。②周期长短。周期长的需求要考虑提前进行。例如一个需求虽然暂时不紧急，但制作周期需要半年，等到临近交付的两个月开始肯定来不及。③需求难度。技术难度高的需求，要提前预研和试错，做好技术和人才的储备。④依赖关系。大家很容易考虑到内部的依赖，如环节间的前后依赖关系。同时我们不能忽略外部依赖，比如 IP 合作方的审核、运营需要等。⑤制作流程。制作流程不同会影响需求的先后安排，这个是需要根据项目的实际情况来看的。

/ 预估时间

预估时间就是对 WBS 拆分出来的各项需求、各个任务进行制作时长或人天的预估，最实用的方法是专家判断。这里并不是指职级上的专家，而是最了解需求和制作的人，通常就是制作人自己。如果制作人是缺乏经验的新人，考虑到专业度的问题，可以由接口人或负责人做审核达到双重保险。

让实际制作人参与计划制定是非常重要的。首先，制作人最清楚自己要做什么，要花多长时间，他最能考虑到各方面工作，而不会遗漏，他最清楚自己擅长什么，会有哪些经验可以节省时间。举个例子，某项目主美觉得里程碑中某个特效需要做三天，但是问到特效本人，得到的结果是一天就够了，因为他做过风格相似的素材，稍做改动便可用到现在的项目中。另

外，更重要的一点是制作人为自己预估的计划负责，他们会有更强的进度意识和主人翁意识。在此要重点说明的是标准人天是工作量的参考，不可以直接用来排计划。

关于预估时间，我们说一下 PMBOK®指南上面提到的三点预估的知识点。其实这个预估方法在我们日常的工作中用的并不多，通常预估时间不会通过公式来一一计算。但是大家了解这个方法的思路，对于时间预估的准确性提高以及判断是有帮助的，也可以在自己项目中尝试使用。

三点估算有两个公式，分别是三角分布和贝塔分布，其中贝塔分布认可度更高：

三角分布　$t_E=(t_O+t_M+t_P)/3$

贝塔分布　$t_E=(t_O+4t_M+t_P)/6$

三点估算有三个参数：

最可能时间（t_M）。基于最可能获得的资源、最可能取得的资源生产率、对资源可用时间的现实预计、资源对其他参与者的可能依赖及可能发生的各种干扰等，所估算的活动持续时间。在实际工作中，简单的理解就是考虑了最主要（大概率发生，影响大）风险所估算出的最可能需要的时间。

最乐观时间（t_O）。基于活动的最好情况，所估算的活动持续时间。实际工作中可理解为几乎不考虑风险和变更，估算出所需要的最短时间。

最悲观时间（t_P）。基于活动的最差情况，所估算的活动持续时间。实际工作中可理解为将所能想到的风险和变化都考虑在内，估算出所需要的最长时间。

三角分布即三个参数的平均值。贝塔分布在三角分布基础上增加了最可能时间的一个权重。

我们通过一个小案例来帮助理解这个估算方法的思路，并从中延伸一些启示，以帮助我们更科学地管理时间估算工作。问题：你上班要花多长时间？回答者说：一般开车上班要 30 分

钟，但开车速度较快或者路况特别好时，只要25分钟，如果天气不好或者遇到堵车，时间会久一些，最长的一次用了一个小时。

公式中的三个参数其实都已经包括在案例中了，最短的时间就是25分钟，最长的时间就是60分钟，最可能时间是30分钟。

$t_E=(t_O+4t_M+t_P)/6=(25+4*30+60)/6=34.2$

通过公式我们得出的时间预估应该是34.2分钟。在此案例基础上我们假设两个场景。

场景1：老板临时约你商量重要工作，问你多久后能到公司，你怎么回答呢？约迟到就不好了，那留足缓冲时间，考虑曾用过一个小时，于是和老板约在一小时后见面。最后实际结果会是：一如往常半个小时后到了公司，提前了20多分钟。

场景2：关系很好的同事公司遇到急事需要帮忙，问你多久能到，你怎么回答呢？这时出于同事的期待及你急于帮助他的心理，你会觉得可以用最快时间即25分钟赶到。然而实际结果会是：路况没有你想象得那么好，如往常一样，仍然花了30多分钟。

因此以上两种情形，我们预估的时间都是不准的，预估时间应该建立在典型的时间基础上。而三点估算的思维也是和这个结论完美吻合的。

怎样让团队成员尽量合理准确地预估时间呢？我们继续看以下两个情景：

情景1：有个同学今天完成需求的时间比预估提前了，下次排计划时，我们把他的时间压缩一下。

情景2：加入惩罚机制，只要有延期，我们就对他进行惩罚。

这两个做法其实都是不可取的。第一个情景带来的后果是，该同学发现自己的高效率并没有给自己带来好处，反而是让自己以后的进度压力更大。那么他下次一定会在明知自己可以更早完成的情况下故意放慢速度，避免提前完成任务。第二个情景带来的后果是，一旦延期就会得到惩罚，那为了确保自己不会受到惩罚，

时间都预估得长一点，留足缓冲，将延期的可能性降至几乎为0。这两个情形共同导致的后果就是预估时间越来越保守，大家的效率也越来越低。著名的帕金森法则——工作总是会拖到规定的时间才能完成，从来不会提前完成，也印证了这两种情形会带来的恶性循环。

因此我们要杜绝这两个情形，减小帕金森定律带来的负面影响。正确的做法是：①预估时间建立在典型的时间基础上，并施加一定的进度压力；②计划要预留缓冲时间，但建议当成一个独立的时间段设在最后，如果设在中间，帕金森法则会导致大家在中间就把缓冲时间用完了；③我们要有这样的意识：任务完成时间有些偏差没有关系，关键是按时完成整个项目，有的早一些，有的晚一些就可以抵消（观点出自自詹姆斯·刘易斯的《项目计划、进度与控制》）。我们既要鼓励有的同学能够高效率地提前完成需求，也要能接受有些同学偶尔延期的偏差。

3.2.2　制订计划

制订计划中一个很重要的概念叫关键路径，关键路径是项目中时间最长的活动顺序，决定着可能的项目最短工期。跟进项目进度最主要关注的就是这条关键路径的进度情况，如果关键路径的进度有可能延期，这个项目的延期风险就会非常大。

我们通过一个小朋友的智力题，理解什么是关键路径。题目：根据以下时间预估，判断多久能吃到美味的晚餐？买菜15分钟，洗菜15分钟，烧水25分钟，煮饭30分钟，做菜（需要用到开水）10分钟。

如图3-2所示，我们对一系列的活动进行排序。先买菜，之后的洗菜，烧水，煮饭三步互相没有依赖，可以同时进行。烧水，洗菜完成以后才能开始做菜。可以看到做晚餐项目的最短工期可以通过关键路径（即图3-2中蓝色虚线

所示）得出，为 50 分钟。这条虚线贯穿的任何一个活动，如果耗时超过了时间预估，吃晚饭的时间就需要延迟了。但在虚线以外即非关键路径上的活动，如洗菜，我们时间花的多一点，只要不超出时间 T，对最终完成的时间是没有影响的。

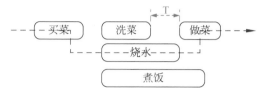

图 3-2　案例关键路径示意图

图 3-3 案例关键路径变更但需要注意的是，非关键路径上的活动延期超出范围，则会带来关键路径的变更，从而造成整体的计划延期。图 3-3 所示，当洗菜这个原来不在关键路径上的活动延期时间 t1 超过图 3-2 中的 T，则这条非关键路径的时长大于原来的关键路径，从而成为新的关键路径。最终整个晚餐项目的最短时长增加了 t2。

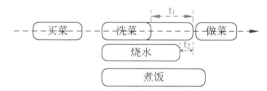

图 3-3　案例关键路径变更

/ 正推法和逆推法

制订计划的两个思路，分别是正推法和逆推法。

正推法是以项目或里程碑开始时间为起点，按排列好的顺序及预估的时间向后安排，即计算各个任务最早开始的时间和最早结束的时间。这个方法在我们项目的中期之前用得比较多，因为项目前期里程碑间隔相对较长，时间压力不会太大，更看重基础功能实现和品质，里程碑节点和内容可商量的余地较大。这个时候我们可以通过正推法来推算出里程碑需求最早完成时间是什么时候，同时加上合理的缓冲时间来作为我们里程碑的完成时间。

逆推法是按各活动所需的时间，从项目已定好的完成时间或里程碑节点开始往前安排，计算各个任务的最晚开始和最晚结束时间。这在我们项目中后期，甚至在项目最开始按期望的上线时间做里程碑规划时都会采用。游戏开发因为节奏快，往往逆推法更为常用。特别是测试阶段开始，测试密度大导致里程碑间隔短。这时基本采用逆推法来推算任务最迟什么时候开始和结束，来判断是否能达成项目的要求，如果达不成，我们需要去思考进度压缩方案，甚至去缩减范围。

/ 进度压缩

在制订计划过程中，往往第一版计划无法达到预期的目标，这个时候我们需要进行进度压缩，即在不缩减项目范围的前提下，缩短进度工期。进度压缩主要有两个方式：赶工和快速跟进。

（1）赶工。通过增加资源，以最小的成本增加来压缩进度工期的一种技术。常见的是加班、加人力和增加预算，比如支付加急费用等。这种只适用于增加资源就能缩短关键路径上活动持续时间的情况。

图 3-4 为赶工的示意图。这个方法压缩了每个需求的制作周期，因此赶工可能会导致风险和成本的增加。

图 3-4　赶工的简单示意图

《人月神话》中提到了布鲁斯法则：向进度落后的项目中增加人手只会使进度更加落后。这描述的是软件开发行业的普遍情况。事实上在游戏美术开发中，虽然没有这么夸张，但是也基本达不到 1+1=2 的效果。因为在增加了新的人力以后，原来的人力需要花一定的时间来进行工作交接以及培训，同时新的人力在前期需要先熟悉游戏的风格、世界观、甚至是新引擎，无法马上进入工作状态。由于熟悉和理解程度不够导致完成质量达不到预期，需要原项目人力帮助修改，甚至重做的情况也不在少数。当然，如果新人力是该方面以一当十的技术专家，不论什么时候加入都是可以给项目助力的。因此增加普通人力其实有比较大的风险，我们在采用增加人力赶工这个方法的时候，需要考虑到增加一定的缓冲时间。

我们项目中用得最多的赶工方式就是加班，而且偶尔加班是非常有效果的，但是长时间接连不断的加班，会带来一定的问题。图 3-5 可以看出过度加班会带来恶性循环，如果我们掉进了这个恶性循环的陷阱，对项目来说是弊端更多的。

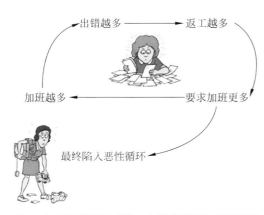

图 3-5　加班的恶性循环（图片出自【美】詹姆斯·刘易斯《项目计划、进度与控制》中的图 1-4 返工循环）

做项目管理时，我们不光要关注进度、质量、范围和成本等常关注的因素，同时要做好冰山下的管理，其管理内容是一些隐性的、无法直观看到或影响不会马上体现出的因素，比如说团队氛围、成员认同感、成就感等。这些冰山下的因素对项目的影响是非常大的，然而却容易受到被大家忽视。如果冰山下的问题不及时发现和解决，容易量变引起质变，隐患更大。例如一个人心涣散的团队，成员合作不畅，效率会非常低下，甚至互相拆台导致项目失败。一个压抑很久的团队，一个成员的离职可能会带来整个团队的动荡。

（2）快速跟进。实际上正常情况下按顺序进行的活动或阶段，改为至少是部分并行开展。如图 3-6 所示，原来串行的两个任务，我们通过并行来压短了整体制作工期，快速跟进可能会造成返工，增加项目风险。

图 3-6　快速跟进的简单示意图

关于快速跟进，美术制作中也经常用到这个方法。一个典型的案例是在时间紧迫的情况下，原画只出了草图就开始模型制作。草图只能确定外形，内部细节都没有清楚表达，如果原画完成的效果和草图差别较大，就会带来模型的返工。如果效果一致，就成功压缩了制作周期。如今公司 3A 项目越来越多，品质要求更高，返工带来的成本浪费更大，例子中的方法是不建议尝试的。

图 3-7 是 3D 游戏美术开发的常用流程：模型只要完成粗模或中模并确定符合项目要求，就可以开始做动画了，高模及贴图可以和后续环节并行制作。动画在完成粗版，确定了关键帧姿态和节奏后，我们就可以开始考虑特效的设计以及部分制作了。这样比所有环节串行制作的流程周期压缩了很多，这个流程和快速跟进很相似。但事实上快速跟进的主要目的是在原来最合理的时间安排基础上压缩周期，同时会带来风险。而这个流程的主要目的是为了模型、动作能够更早的在游戏中验证效果和功能，达到要求以后再进行下一步细化，这样反而可以降低整体风险，同时也达到了压缩制作周期的效果。因此这个流程本身就是一个更为合理的安排，和快速跟进是有区别的。

图 3-7　游戏 3D 美术开发常用流程

/ 进度表

我们计划制定最常用，最平民的工具就是 Excel，此外有 project 这样的专业的项目管理软件，另外还有 X-mind、看板等一系列辅助工具，这里就不一一列举了。最常见的表现形式就是大家熟悉的表格、甘特图、思维脑图，物理或者电子看板等现在用得也比较多。大家可以选择适合自己和团队的工具和表现形式，结合项目的实际需求。工具和表现形式都是为管理服务的，重要的是思路和方法。

下面我们来看一些进度表的实例。图 3-8 是 project 制作的甘特图，project 的优势在能够按照你设置的信息自动生成甘特图，通过前置任务设置会有箭头清楚表示任务的前后依赖关系。但由于 project 软件不够普及，项目其他岗位同学查看不是很方便，因此用 Excel 手动制作甘特图更为常见。甘特图的优势在能直观展示任务什么时候开始和结束，持续时间长短及处在整体安排的哪一阶段。图 3-9 是我们常见的计划跟进表，该表格信息比较全面，涵盖的信息量比较大，检索起来也比较方便，同时也适合用于做数据分析。图 3-10 是思维脑图形式的项目计划，个人认为思维脑图特别适用于做需求类别复杂、量非常大的规划，里程碑规划、测试版本计划等。因为通过脑图的形式可将需求按类型、批次等不同维度来进行归类，并划分需求层级（父任务和子任务），让整个规划清晰明了，旁人也易看懂且能理解整个规划的思路。图 3-11 是一个典型的物理看板，通过看板可以看到我们当前制作中及待制作的任务、各任务所处阶段、在需求流转过程中有没有遇到阻碍。一般会结合站会的形式来维护这个看板，这也是精益开发的一部分内容。大家在易协作中都会用到电子看板，这里就不做过多说明了。

图 3-8　甘特图范例

需求	需求内容	具体需求描述/备注	优先级	易协作单号	跟进策划	需求情况					需求完成度	原画				模型			
						原画	制作	动画	特效	场景编辑		完成度	计划完成时间	制作人/供应商	外包人天	完成度	计划完成时间	制作人/供应商	外包人天
坐骑	[illegible]	[illegible]	3		[illegible]	已完成	已完成	已完成	已完成	无需求	100%	100%	11/10	[illegible]		100%	12/11	[illegible]	
坐骑	[illegible]	[illegible]	3		[illegible]	已完成	已完成	已完成	未开始	无需求	94%	100%	11/10	[illegible]		100%	12/11	[illegible]	16.00
坐骑	[illegible]	[illegible]	3		[illegible]	已完成	已完成	已完成	已完成	无需求	100%	100%	10/26	[illegible]		100%	12/28	[illegible]	9.00
坐骑	[illegible]	[illegible]	3		[illegible]	已完成	已完成	已完成	无需求	无需求	100%	100%	11/15	[illegible]		100%	12/25	[illegible]	18.00
坐骑	[illegible]	[illegible]	3		[illegible]	已完成	已完成	已完成	已完成	无需求	100%	100%	11/21	[illegible]		100%	12/22	[illegible]	10.00
坐骑	[illegible]	[illegible]	3		[illegible]	已完成	已完成	已完成	未开始	无需求	94%	100%	11/21	[illegible]		100%	1/9	[illegible]	16.00
坐骑	[illegible]	[illegible]	3		[illegible]	已完成	已完成	已完成	未开始	无需求	94%	100%	12/22	[illegible]	7.00	100%	2/7	[illegible]	
坐骑	[illegible]	[illegible]	3		[illegible]	已完成	未开始	未开始	未开始	无需求	23%	100%	1/5	[illegible]	7.00	0%	2/7	[illegible]	
坐骑	[illegible]	[illegible]				已完成	已完成	未开始	未开始	无需求	71%	100%	2/8	[illegible]	9.00	100%	3/8	[illegible]	16.00
坐骑	[illegible]	[illegible]				制作中	未开始	未开始	未开始	无需求	9%	40%	5/11	[illegible]	9.50				
坐骑	[illegible]	[illegible]				制作中	未开始	未开始	未开始	无需求	9%	40%	5/8	[illegible]	9.50				

图 3-9　Excel 计划表范例

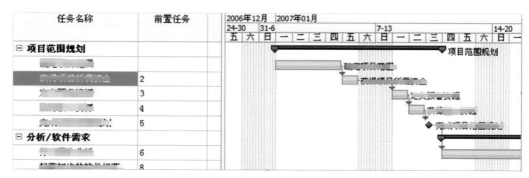

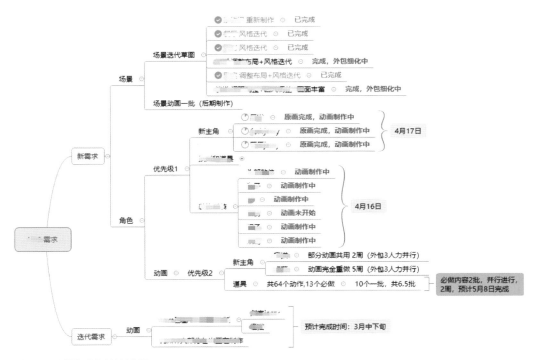

图 3-10　思维脑图形式计划范例

图 3-11　物理看板范例

关于进度表有几点需要新职员注意的。

（1）进度表不是越细越好，千万不要让你的进度表失去控制。有同学的计划表非常详细，包括了需求相关重要和不重要的所有信息，完成时间也精确到某天的某个时间段。如果不是针对特殊状况和特殊需求，是很没有必要的。因为维护这样的一个进度表会非常耗时，这就本末倒置了。不要让自己成为表格的记录员，因为你有更重要更有意义的工作要做。

（2）滚动规划。有的同学几个月后才开始的需求都已经计划到哪一天完成了，其实这样有些浪费时间。我们可以把前期工作仔细规划好，几个月后的需求因为变数大，到时候的实际情况和现在排好的计划是完全不一样的。如果针对每次变更都重新更新一次几个月需求的计划，这个工作量是非常大的，很浪费精力。

（3）计划不宜过于粗略。控制周期过长的需求很容易延期，如果周期超过 2 周以上，建议设立中间节点。

（4）进度表一定要经历多次迭代和优化，并经过大家确认。一次性完成的进度表一般可行性不大，我们需要跟大家确认这个计划是切实可行的，否则一个有问题的进度表会让 PM 被质疑，并失去大家的信任。

/ 人力安排

制订计划时还要注意人力安排情况。

（1）人力一定时，我们要看计划是否符合项目预期。如果需要压缩周期且人力不足，那需要在前期考虑增加人力，在项目出现延期时增加人力风险会很大。

（2）重要的、高难度的、研发性、预研性质的需求由内部完成，也就是内部做更有价值的工作，且这类工作需要更多与程序、策划等其他岗位沟通。批量生产等低技术含量的工作一定由外包进行。

（3）发挥人力所长，安排合适的工作内容。由于美术属于设计型的工作，同一个人在不合适与合适的项目中，设计能力得到的发挥差别很大。这在很多项目都有实际案例，曾有同学在 A 项目一直得不到肯定，几乎要被淘汰，结果去 B 项目后如鱼得水。因此我们需要配合美术经理一起发挥人力所长。

/ 确认计划

确认计划，就是上文提到的与相关干系人确认计划内容。

首先与美术确认计划，再一次确保计划合理，没有漏洞，美术确认计划的同时其实就在做承诺，这样计划的执行会更顺利。然后与产品确认计划，再次确保计划符合项目目标，得到产品确认的计划，会更有公信力和约束力。

我们需要确认以下内容：①具体需求。我们首先是要确保每个需求都在我们的计划安排之内，没有遗漏。②需求的验收标准。这里要强调的是一定要以游戏中看到的效果为准。③重要的时间节点。这里要注意，对于不善于拒绝的美术同事，一定要再三确认。因为有的美术同事对于需求能否按时完成的问题，第一次回答永远是没问题。只有到期当天面对延期的现实才会不好意思地说：我当时也觉得难度有点大，但是我想试一试。这种情况都是令 PM 很头疼的。

3.2.3 进度跟进

/ 控制进度

PMBOK 指南描述的控制进度过程，就是监督项目活动状态、更新进度、更新项目进展、管理进度基准变更与实现计划的一个过程。

控制进度首先是判断项目进度的当前状态是否已经发生变更，对于引起进度变更的因素施加影响，在变更实际发生时对其进行管理。

/ 跟进方法

常用的跟进方法有趋势分析法、关键路径法和挣值管理。

趋势分析的工具有燃尽图、累积图等，燃尽图可以查看剩余工作量的变化趋势是否与预期相符合，及时发现项目的提前与滞后，并预估完成时间。图 3-12 的燃尽图中，项目在 1 月 5 日前后剩余工作量大于预期，进度出现滞后，而在 1 月 7 日以后追赶上了进度，并保持比原计划高的开发效率。虽然还没到截止日期，但如绿色的虚线所示，按当前的进展可以估计出 1 月 13 日提前完成需求。在实际项目跟进中，大家也可以尝试这个方法。

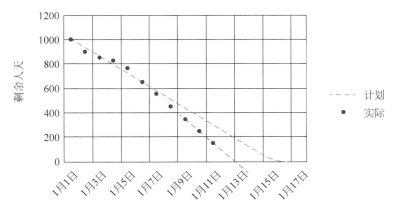

图 3-12　燃尽图

图 3-13 是从我们产品周报中截取的累积图。累积图主要是反映项目需求开发的进度趋势。图中红色区域表示新建需求，黄色为完成待测需求，粉红色、蓝色和绿色区域分别为等待修复、测试中和关闭的需求。而灰色区域即版本日的延单需求，影响到周版本的完成度。通过这张图我们可以看出这个周版本内每一时刻需求的进展情况，这个累积图展示的是一个比较健康的趋势。项目在周一开始总需求数量变化不大，需求完成的趋势比较平缓，没有出现所有需求集中在最后一天完成并测试的情况，最后的延单率也不高。这个累积图由易协作自动生成，反映产品开发节奏的健康状况。而美术开发的项目管理也可以借鉴这样的思路。

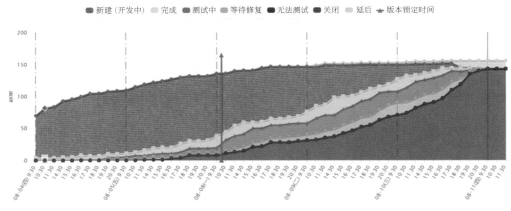

图 3-13　累积图

项目管理的方法很多，大家可以多了解、多沟通、多思考，自己通过数据分析等方式来改进和创新。

下面我们来说一下控制进度中的挣值管理。其实在日常跟进中，直接应用挣值管理公式的情况很少，我们更多应用的是这个管理方法的思路，即偏差估算的思路。以下对挣值管理做简单介绍。

先看以下几个概念：

计划价值。计划价值（PV）是为计划工作分配的经批准的预算。我们可以理解为计划的工作量。

挣值。挣值（EV）是对已完成工作的测量值，用分配给该工作的预算来表示。我们可以理解为已经完成的工作量。

实际成本。实际成本（AC）是在给定时段内，执行某工作而实际发生的成本，是为完成与 EV 相对应的工作而发生的总成本。我们可以理解为已经完成的工作量所实际花费的成本。

进度偏差。进度偏差（SV）是测量进度绩效的一种指标，表示为挣值与计划价值之差，SV=EV-PV。可以理解为实际完成的工作量，减去计划完成的工作量得到的差值。如果 EV-PV 大于零，那说明实际完成的工作量比计划完成的工作量大，进度超前。如果 EV-PV 是负值，则说明进度是落后的。

成本偏差。成本偏差（CV）是在某个给定时间点的预算亏空或盈余量，表示为挣值与实际成本之差，CV=EV-AC。成本偏差用于评估项目当前成本花费的情况，这个不在进度管理的范围内，原理与进度偏差相同，是我们制作完成的需求计划花费的成本与实际花费成本的差值。

图 3-14 是采用挣值管理思路进行偏差管理的案例。用完成度与时间轴的对比，来反映上线需求的进度情况。左侧任务表是对上线需求的整体预估，例如通过主角、宠物等类别的上线需求规划数量及当前完成数量，得出当前的整体完成度，并与当前的时间轴作对比。图中当前时间轴进度是 57%，总需求的完成度是 61%，因此整体进度是略微提前的。但我们仔细看各类别需求的完成度，角色是 67%，但场景只有 47%，GUI 只有 32%，场景和 GUI 相对时间轴来说是滞后的，仍然存在一定风险，需要重点关注。以上就是挣值管理思路的实际应用，对于里程碑需求，月需求的进度的偏差分析也可以用这样的方法。

需求大类	需求项	上线需求数	完成数量	完成度
角色	主角	3.00	2.48	83%
角色	宠物	38.00	22.30	59%
角色	怪物	32.00	30.47	95%
角色	BOSS	8.00	5.71	71%
角色	NPC	50.00	42.93	86%
角色	主角套装	24.00	4.70	20%
角色	主角套装换色	72.00	6.00	8%
角色	武器	60.00	13.19	22%
角色	武器换色	180.00	0.00	0%
角色	道具	94.00	71.14	76%
场景	大地图	5.00	2.91	58%
场景	主城	1.00	0.63	63%
场景	新手	4.00	1.09	27%
场景	副本	6.00	2.00	33%
场景	复用副本	4.00	3.00	75%
宣传	宣传	10.00	2.00	20%
GUI	地图	1.00	0.80	80%
GUI	图标	1000.00	300.00	30%

总需求人天	原需求人天	完成需求人天	总需求完成度
19527.00	19527.00	11885.50	61%

	角色	场景	GUI	宣传
需求人天	14227.00	4530.00	520.00	250.00
完成人天	9535.50	2134.00	166.00	50.00
完成度	67%	47%	32%	20%

项目开始时间	计划上线时间	当前日期	时间轴进度
2018/1/1	2018/12/1	2018/7/12	57%

图 3-14　偏差管理表格案例

/ 处理偏差

出现偏差后，首先要关注真实的进度情况如何？出现偏差的原因是什么？需要采取什么样的行动来纠正偏差？我们可以用根本问题分析的方法寻找出现偏差的原因。

图 3-15 是一个鱼骨图图例，针对问题我们分析出 5 个直接因素，在各个原因的基础上，我们要深入地挖掘其更为根本的原因，直至原因无法进一步剖析，从而得到各项根本原因。如果我们在分析问题时只寻找到直接原因，是没有意义的。

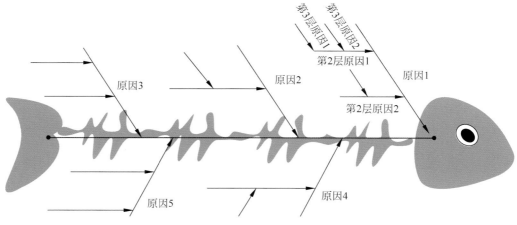

图 3-15 鱼骨图

拿一个真实的案例来举例。某新项目刚开始外包制作，就有需求延期了。直接向接口人了解原因，得到的答案是外包人力不行，进度太慢。如果我们只是止步于这个原因，那这个问题是永远解决不了的。为了深入挖掘原因，我们和外包商也了解情况，用鱼骨图分析出了一系列根本原因：需求规范特别的不明确，制作人不知道具体要做成怎样的风格和效果。接口人反馈很不专业，反馈经常有反复，导致原人力不愿意继续这个项目，外包只好临时换了新的人力，该人力对项目不够了解，做的质量就更差了。此外项目的标准人天定得比较低，给外包的报价也低于平均水平，外包出于成本考虑也不会安排好的人力。以上因素综合起来才导致了这样的问题。

找到了根本原因以后，我们就可以对症下药，直接确定解决问题的方法。首先我们迭代了制作规范，进一步明确了质量标准，让外包清楚知道我们的需求。其次，我们横向调研了同类型项目，迭代了标准效率库。另外我们优化了反馈机制和流程。执行一个月左右出现了明显的成效，问题最终解决，外包也给我们安排了优秀的人力，质量明显提高，进度自然也不会受到影响了。

在偏差的原因找到后就是想办法纠正偏差。首先当然是追赶进度，看看能否减少偏差，甚至将偏差降为零。其次是优化流程，精益开发，减少浪费。其实在制作过程中，每个流程的流转经常会有时间上的浪费，我们可以从这方面入手消除明显的浪费。再次是接受偏差并进行风险评估和风险管理。其实出现偏差没什么大不了问题，因为我们进度跟进中，不可能所有的需求都是按时完成的。任务完成有偏差是没有关系的，关键是要站在整体的角度来考虑问题，看项目整体有没有风险。如果有风险，则思考整体的问题该如何去解决。最后如果偏差无法纠正，带来的风险无法规避，那就需要告知产品及相关干系人，考虑变更。

以上是项目时间管理基础知识，我们做个总结。这部分主要包括两块内容：计划制定和进度跟进。计划制订包括排列顺序、预估时间和制订计划。预估时间主要方法是专家判断和三点估算，重点是用典型的时间来估算。制订计划主要方法有关键路径法，正推逆推法。进度压缩包括赶工和快速跟进两个方法。进度跟进主要包含三个内容：控制进度、跟进方法、处理偏差和纠正偏差，其中跟进方法有趋势分析、挣值管理。

3.3　游戏美术时间管理

接下来我们介绍游戏美术时间管理。这部分内容分为五部分，第一部分是敏捷开发的简介，后面四部分是游戏的四个阶段，Demo、Alpha、测试和运营阶段，分别介绍各个阶段的一些经验总结。

3.3.1　敏捷开发

/ Scrum 简介

敏捷开发是迭代式增量软件开发过程。游戏项目通过一系列 Sprint（迭代），取得进展并发布可玩的版本。采用敏捷流程开发游戏项目在国外实践得比较早，Sprint 的周期一般是 2 到 4 周，而我们公司把这个周期缩短为一周，以便适应更快的迭代，我们称之为周版本制度。甚至我们还实践了日版本，周双版本等，这些都是为了更快的迭代过程。

图 3-16 可以直观看到 scrum 游戏开发的流程：从概念原型到正式制作、后期制作，都是通过一系列的周期发布以切片的形式进行的，通过不断的迭代来完成游戏的开发。我们产品采用敏捷开发的过程：首先是原型验证（即最小可玩版本），早期的想法应对不确定性，通过快速迭代优先高价值的增量开发，及时调整原来不合适的目标，拥抱变化，快速响应。产品采用的是这样的敏捷开发方法，那美术是怎样的呢？美术周期长，成本比较高，如果变化的话代价会比较大。同时美术开发还是需要相对明确的一个需求文档和质量标准的。那我们美术只能采用瀑布式开发吗？其实美术开发可以采用瀑布与敏捷相结合的方式。

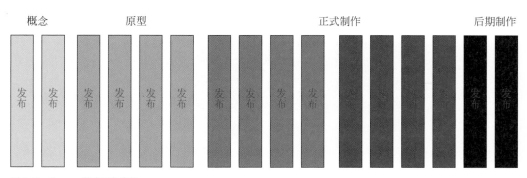

图 3-16　Scrum 游戏开发流程

首先美术本身其实就不是瀑布式的。例如绘制一只小狗，首先绘制大体的轮廓，确定它的造型。造型没有问题以后，再进行细化上色，然后进一步完成作品。其实这就是一个迭代的过程。而我们从来不会用这样的方式：先画脸，脸完成后再画五官，接着画身体和脚，这是一个很不专业的画法。其实这两种画法就是瀑布式开发和敏捷开发的区别。前一种制作过程是一个敏捷开发的过程，而后者是瀑布式开发的过程。

传统的游戏美术是采用瀑布式开发的。如图3-17所示，原画、模型、动画、特效、音视频串行制作。如何让游戏美术开发敏捷起来呢？这有两个矛盾点。第一是制作周期长，一个角色从原画设计到音效完成，往往需要近2个月的周期，而产品周版本里的一个功能开发单，大多开发周期小于一个星期。第二是成本高，变更的代价大，比如如果一个角色的原画设计变更，则模型、动画环节都要重新制作。但这一点也是我们进行游戏敏捷开发的推动力。如果在原画环节就验证了效果，同时模型、动画制作阶段在早期进行效果功能上的验证，就可以避免后期因功能和效果不满意带来的变更，避免更多的浪费。

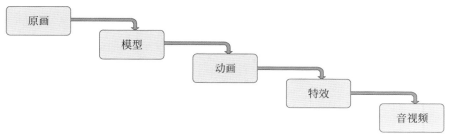

图 3-17　传统游戏美术瀑布开发流程

/ 美术敏捷开发流程

美术敏捷开发流程就是让美术开发尽可能参与到产品周版本的迭代计划中，让美术设计尽早在功能和效果上得到验证，让美术资源对产品的变更做出更快的响应。

正如图3-18的流程所示，美术需求在粗版完成，就在游戏中进行测试迭代，达到满意的效果后进行细化制作，细化完成后继续测试迭代，最后完成高质量的最终版。这样最大优势如图3-19所描述，红线表示预期目标，黑线表示实际开发的结果。左边描述的是瀑布流程的情形，实际得出的结果往往离目标有偏差，我们只有在最后完成时，才会发现离目标有这样大的偏差。而采用敏捷开发以后，在中间过程不断进行验证，不断地进行偏差纠错，正如图3-19（a）所示，在不断的迭代的过程中向目标靠近，最后实际结果也早在预期范围内，和目标偏差较小。

图 3-18　美术单个需求的敏捷流程

图 3-19　敏捷开发在目标达成上的优势

不仅是单个需求，在多个需求组成的功能模块上也可采用敏捷的方法。图 3-20 所示，模块中各需求各环节的粗版，可以组成临时的可玩版本，我们在可玩版本的基础上进行测试调优，使可玩版本达到预期效果，然后在大家认可的版本上细化，完成细化后再测试迭代，打磨出更好效果的完成版。可以看到其中的每个环节都经历了多次的迭代，同时整合在一起又进行了多次调优，这样的完成版是经过多次迭代完成的，它的效果一定是更符合项目要求的。

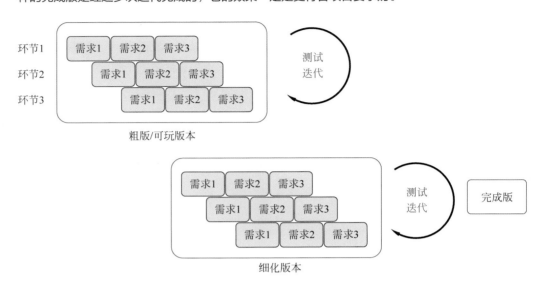

图 3-20　美术功能模块的敏捷流程

我们在整体的游戏开发过程中也是这样做的。美术预研阶段的 Demo 资源，通过不断的迭代，得到一个初步验证的核心玩法的最佳美术效果。进入 Alpha 开发阶段，虽然以批量制作为主，但我们的整体开发思路也是量产 – 迭代 – 量产 – 迭代的方式，在一次又一次的批量制作完成以后，我们进行整体的迭代，进行效果提升。到了测试阶段，迭代频率会增加，量产 – 迭代和迭代 – 迭代同时并行，不断提高我们的游戏效果，游戏在达到项目及玩家满意的效果后上线（见图 3-21）。

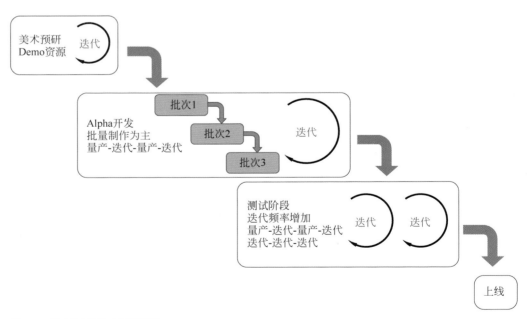

图 3-21　游戏美术整体开发敏捷思路

说了这么多敏捷开发的内容，大家一定很奇怪，这跟美术时间管理有什么关系呢？我们游戏美术时间管理一定要有敏捷开发的思路，否则将无法适应游戏开发的快节奏。因此我们在进行时间管理计划安排的过程中，一定要用敏捷开发的思路来进行安排。

接下来我们来了解游戏不同开发阶段的时间管理。

3.3.2 Demo 阶段

Demo 阶段需要进行美术竞品分析，原画风格预研及 Demo 美术全流程的制作，同时我们还不能遗漏音视频的替代资源。

/ Demo 前期

大多数项目的 Demo 前期处于在偷跑阶段，也就是 Demo 还没有立项时，提前进行项目前期工作。

这个阶段产品重心在世界观和核心玩法确定上。我们通过与产品的沟通，收集项目最前期的需求并确认范围，这个范围其实就是竞品分析的目标以及替代资源的方向。该阶段需求内容有两条线，一条线是风格预研线：完成竞品分析以后，需要进行美术风格预研，一般会进行风格竞稿，有时会有很多原画同学参与进来（看美术组的人力情况），选出最合适的风格并进行原画标杆制作。另一条线是替代资源的制作。策划需要确定核心玩法的最核心部分，并与美术确定主要的功能表现，之后美术同学就可以针对性寻找合适的美术资源，我们需要寻找与策划希望能够实现的美术风格相接近的替代资源，可以拿其他项目的资源，也可以去网上购买一些素材。寻找到替代资源以后，有些还需要做少量的调整，才能完全符合 Demo 功能的需要。

在 Demo 前期，项目一般是没有固定的周版本，因为在前期基本上还没有可视化的产出，打包也不是很定时，偶尔需要看下效果时会临时打个包。这个时期，我们看看美术需求的两条线是如何做时间管理的。

美术风格预研其实是一个比较长的过程。有的项目从偷跑阶段开始一直到 Demo 立项以后的一段时间一直在做这样的工作，因为这个工作决定着未来整个项目的风格方向，不可急于求成，一定要做出最好的效果，效果上的妥协会为后面埋下返工和大量迭代的隐患。

替代资源的制作周期都比较短，因为只需要在原有资源基础上改，且仅用于功能验证的资源无需细化。同时功能开发依赖非常严重，产品如果没有这些美术资源，往往就无法进行进一步的功能开发。这时我们可以以周为目标，保证每周有一定的产出，特别是功能性需求，我们要随时沟通进展，及时响应，保证策划能够及时地拿到资源进行开发。

图 3-22 为一个 Demo 前期项目的整体规划情况。这个项目每周都明确了可视化目标方便跟进验改。上半图是整体规划，整体规划完成以后继续明细了每周所需要实现的一些功能目标。可以看到策划、程序、美术、UI 都会列出这周需要完成的一个目标，然后进行跟进。

图中的该周有很多内容都是没有完成的，因为 Demo 前期的变化比较大，我们并不是要求每周的目标一定百分之百完成，但是我们通过这样每周的回顾，可以看出当前的进展如何，遇到了什么问题，而且美术、程序、策划不同岗位间都互相了解对方的进展，对互相之间开发的配合是很有好处的。

整体规划

时间	整体规划	角色进度	场景进度	功能进度
5月14日到5月20日	能正常进3D视角■■■。 场景：新的场景，完■■■■完成度：场景氛围，合适光照和物效。 角色：2模型，2武器，能横跑下来。完■■■■流程。 特效：确■■■■约3~5个。 原画：大方向确定。第一个场景和两个正式角色，场景设下主题。 整体主界面UI细节。	替代模型贴图识别，基础移动和攻击动作输出，■■输出	确定替代场景路线和氛围	3D视角下的基本■■功能
5月21日到5月27日	之前同种武器继续强调优化，表现机制管理。 正式场景：正式场景，功能性拆分。 数字化表现美术方面提升。 武器具体设计方案	优化磨演调两种武器的战斗表现，验证各种角色原画头身比在场景内效果，武器具体方案	优化场景路线，拆分功能区域，加入场景颜色贴图	■■■场景机制、射击体验优化与大招制作
5月28日到6月3日	更多的战斗的表现机制出现本地。 其它方面的强化：场景地表材质提升。 替换世界现内■■■	更多武器和技能的动特需求	确定场景光照材质标杆，完成自己风格场景模型，并且逐步替换	大招体验优化，物理律动优化，正式■■效果确定

周版本需求list

周版本	策划	程序	美术	UI
5月14日到5月20日	新场景的需求文档，包括路线，主题，功能结构。完成度80% 构建基础的场景氛围，物效，光照。■■光照效果还需提升 两种武器动作调优，加速。■■ 战斗特效第一版（网图）-■■完成度50% 3D射击UI迭接--W 角色模型材质效果--■■■shader 角色风格沟通确定--■■完成度50%	物理引擎的引入 完成度90% NX引擎版本的升级 完成度60% 战斗相关功能支持，动作，战斗机制等--■■完成度70% 特效，材质制作支持--■■开始 主界面3D射UI--■■完成度80% 场景交互机功能支持--■■完成度10% 物理律动功能--■■完成度80%	新场景搭建，白模+铺面。完成 新主题角色■■，有固定主体，头身比合理想，符合■■ 新主题，有一定特色，每人一男一女，武器之间区分，一个战士■■分明。 优化贴图材质，还原■■■■配合。 ■■材质效果未完成 两种武器动作，修改bug--■■■ 视觉达武器特效完成标十--■■美术已完成，程多特效资源内内未达标 管理演出；渲染，整体光照，不需要替下载，程序按制，skill suncha bullet red/green	3D射击方法的迭接--■■ 新世界观交互元素的设计--■■ 适配界面，战斗外界面设计。--■■

图 3-22　Demo 前期进度跟进表参考

/ Demo 中后期

到了 Demo 中后期，风格确定下来了，游戏有了简单的可玩版本，核心玩法得到了初步验证。这时候美术需要为 Demo 评审做准备，大部分项目都会完成一套有两个主角，一个完整的场景的核心玩法的流程。这个时候产品需要确认 Demo 评审的范围，需要实现哪些玩法功能，并与美术一起确认对应需要哪些资源，哪些需要全新的制作，哪些只需要替代资源，要完成怎样的一个完成度。这些确认下来以后，美术 PM 和美术经理、主美再次确认需求范围的合理性。因为 Demo 团队往往是一个项目新孵化出来的一个团队，产品经验不足，有时候会提出一些不太合理的需求，如有些需求开发是没有必要的，会造成浪费，这些都需要有经验的美术经理和主美来共同保证范围的合理性。

另外很重要的一点是一定要将他的工作纳入计划。他的工作比较琐碎，而且因为专业度特别高，我们在排计划很容易忽视。其实这个阶段美术技术规范的工作已经开始了，我们需要及时地把这部分纳入计划中，尽量在 Demo 阶段完成技术规范制定，让 Alpha 阶段更加顺利。Demo 评审往往是项目的第一个里程碑，从立项开始到评审只有短短的三个月时间，质量要求高，缺乏经验，问题和 Bug 都比较多。这时候我们制定 Demo 评审里程碑的规划，可以按周制定目标，以确保最终目标是可以实现的。我们还要注意留出更多的缓冲时间来。提前一周我们要提交 UE 测试包，为了 UE 测试包的稳定性，会再提前 1 到 2 周打出 UE 测试包，以保证有更多的时间来修改bug。这种情况下美术制作周期很短，很多资源都需要到 UE 测试包提交的那一周才能完成最终的资源。针对这种情况，我们可以提前将中间版本上传，降低需求完成后替代进游戏出现大问题的概率。比如场景可以先将模型的粗贴版本提交到游戏中，等到 UE 测试包提交那一周，我们只需要替换它的贴图，这样生成 Bug 的概率就相对较小。另外就是准备退一步的方案，如果到 UE 测试包提交以后，我们还没有办法完成这个需求怎么办？有没有一个替代的方案？比如有没有一个替代版本，至少能保证游戏流程的完整性。事实就有项目就采用这样的方式，通过退一步的方案，保证了评审时游戏流程的完整，但同时也将后来完成的最终效果带到了评审的现场，让评审委员会看到目前实际能达到的质量标准。如果仍然无法达成目标怎么办？那就只能考虑增加人力或者削减范围的方式。削减范围其实也可以考虑多用替代资源，以保证几个出彩的亮点能有更多的时间来制作。事实上现在公司杜绝开发成本的浪费，非常鼓励 Demo 阶段采用替代资源，评审更看重游戏的可玩性和市场潜力，因此 Demo 阶段美术开发的进度压力可以通过替代资源降到最小。

产品在 Demo 期一般采用轻计划轻版本的项目管理流程，产品计划有简单的周版本任务列表，美术 PM 可以将周期较短的需求用同样的方法整合进周版本需求列表中，这样可与产品更加无缝配合，同时跟进起来也比较方便。

周期较长的制作需求，我们要排好详细的计划，确保按时到位。这类需求的计划安排和批量制作时期的相似，具体的跟进方法我们可以考虑定期会议等，可以通过每周的会议来查看每周大家的进展，或者通过每日发图的方式，查看每天大家的进展情况。

要注意粗版及时进入游戏验证，配合产品的功能开发。

迭代修改需求需要专项跟进，因为在 Demo 中后期有很多的迭代修改需求，不仅是功能的迭代修改，还有很多美术效果提升的修改。我们要排好优先级，可以通过易协作提单的方式进行，保证需求没有遗漏。也可以通过泡泡机器人收集需求，导出表格来跟进。

要关注质量标杆的制作及规范的制定，这两部分对 Alpha 阶段能否顺利开始影响很大。

要随时做好调整计划的准备，如有风险及时沟通解决方案。因为 Demo 时期变化比较多，我们要随时顺应变化，拥抱变化，但同时 Demo 的周期比较短，风险的影响也比较大。

另外有的项目 Demo 后期采用日版本快速迭代的方式，美术也可以积极参与进去。

3.3.3 Alpha 阶段

/ Alpha 阶段的规划

Alpha 阶段我们会进行一系列的规划：上线需求总规划，里程碑规划，月度规划，周版本规划等。

刚进入 Alpha 阶段首先要做的就是上线前的整体规划，需要先进行美术上线前总需求的预估，其实这个工作我们在 Demo 评审前做上线预算时就会进行。有了上线需求后结合以往的开发经验，就可以得到一个大概的规划。这个规划可以用于整体完成度的预估，整体进度情况评估和人力估算，以做到心中有数。

有了上线整体规划以后，产品就可以将上线需求规划到各个里程碑，在里程碑里面需要到位的美术需求也可以相应的列出来。里程碑规划的目的是进行里程碑目标的评估，并进行里程碑计划的制定。而对于整个游戏开发而言，每个里程碑目标的达成情况可判断项目是否按原来的上线规划进行。

月度计划不是每个产品都会有，但很多项目在 Alpha 开始阶段把每个月设为一个里程碑。美术的月度规划需要了解月度需要到位的美术需求并安排月度计划。

周版本规划，就是每周版本需要到位的美术需求。

从上线整体规划到周版本规划，它的一个精确度是从低到高的。上线整体规划过程中，我们不会对上线需求进行详细的计划排期，这个计划做出是没有意义的。而上线规划到周版本的过程，也是一个滚动规划的过程，我们仅仅对已有明确需求，并且在近期里程碑需要交付的需求，做到月度或者周版本这样细致程度的计划。

/ Alpha 前期

我们要注意的是，Demo 期结束不等于批量制作的开始。在 Alpha 初期排计划时，我们要先确认以下问题：美术各环节的风格和质量标杆是否已经完全确认？技术规范、制作规范以及验收标准是否已经明确？是否有合理的制作流程？当以上都满足，才可以做批量制作的计划，否则我们要先进行以上工作的计划安排。

/ 批量制作阶段

批量制作阶段进行计划安排，最重要的就是需求沟通。我们要注重前期设计，原画设计是最容易延期的一个环节，要注意留足够的缓冲时间。特别是 Alpha 阶段前期，因为原画设计还不是特别有经验，反复修改的情况会比较多。同时我们要提醒产品提前规划下一批的需求，以防阶段性的需求井喷和人力空出。

如图 3-23 所示，在批量开发中，先进行原画制作，而在第一批模型制作的过程中，原画人力就已经空出，而原画制作往往又比较花时间，难以很多需求同时并行，因此在原画进行第二批制作时，模型、动画人力，特别是外包人力都有可能空闲，这样会带来需求阶段性空窗和井喷。而外包人力的空出会导致人力的流失，严重影响项目的稳定性。这时我们就需要在图示箭头所指的时间点来提醒、推动产品提前提出下一批的资源内容，这样原画的第二批就可以提前开始，给项目更多的原画储备，模型的第二批就可以紧接着第一批完成后顺利开始，保证了需求量的平稳。

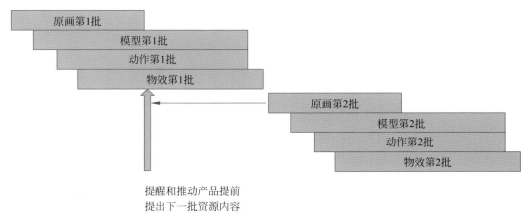

提醒和推动产品提前
提出下一批资源内容

图 3-23　批量开发阶段需求制作示意图

需求各环节初版要设计划节点，严格跟进。因为这些初版会涉及各个环节之间的交接，影响到功能版本的实现时间点。内包需求的计划节点周期尽量不要超过一周，这也是我们前面所提到的跟进粒度。外包需求我们需要前后留有缓冲时间，因为在发包之前，我们需要沟通人·天，沟通制作要求，这些沟通时间是无法压缩的。在后期我们要留有更多的缓冲时间，因为外包的制作质量是难以达到内部的要求，我们往往需要收回来进行修改。在计划无法达成产品预期时，我们要先考虑是否有解决方案，如果实在没有办法解决，再和产品沟通优先级，削减范围。

下面我们来说一下批量制作阶段的进度跟进。首先环节依赖节点是重点跟进的，这样才能保证各环节之间的顺畅流转。另外要培养大家的进度意识，做到人人都是 PM。我们知道 Alpha 阶段的制作量是非常大的，如果一个进度表上众多需求的所有环节节点全部由美术 PM 一个人来跟进是不可能的，而且非常容易遗漏，这时候就需要培养大家的进度意识，要自己对自己制作的需求进度负责，这样才能保证每个需求都是在进度把控中的。另外沟通协作是重中之重，这么多的需求，这么多环节，我们如何通知到每个人？上一个环节完成了，下一个环节如何知道自己要开始了呢？这时就需要大家协作起来。首先我们可以用协作工具，比如说 svn、NXN 等，每个需求每个环节的状态由制作人自己来更新，这样子大家才能知道各个环节具体做到了什么样的阶段。另外可以设置泡泡机器人提醒，通过泡泡 @ 各环节的同事来通知下一个环节的同学可以开始制作了，保证流转过程没有时间的耽误。另外看板也是一个很好的方法，利用精益开发的思想理清障碍和减少时间的浪费。此外进度问题我们要进行根本原因的分析，具体的方法前面已经介绍过了。此外需求一定要跟进到资源进游戏。我们常遇到这样的问题，美术认为这个需求已经制作完成了，美术 PM 也已经把这个需求标注成完成状态，但是策划认为这个需求并没有完成，因为他在游戏里面并没有看到这个资源，甚至这个资源还没有上传到 svn。就是我们对完成定义标准的不同，我们需要统一完成的标准，就是在游戏里面看到这资源且效果确认通过。我们要优化流程尽早将资源放入游戏验证效果、确定方案、减少返工、缩短周期。图 3-24 是一个流程优化的案例，一般来说我们特效资源都会在动画资源完成或者初版确定下来以后才会开始制作，这时特效的方案确认就会比较迟。那如何能够早点知道特效的效果是否符合项目预期呢，该项目在原画完成了以后，就开始进行特效的方案设计。通过原画的形式将特效方案表现出来，并通过迭代达到项目和美术共同认可的质量标准。

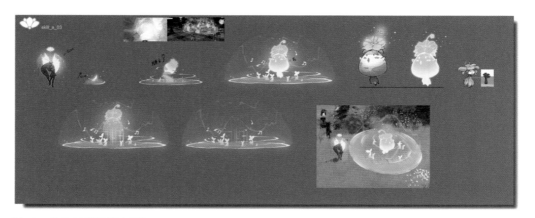

图 3-24　特效方案原画设计案例

某个项目在做动作前期设计时用采用真人动作演示的方法，这个方法的好处就是能够让动画设计在很早的阶段就确认下来，通过真人表演直观的表现，比用原画设计方案更便捷。同时这样的直观的表现方法，也可以让外包在制作的过程中清楚地了解我们想要做的动作，做出的效果更符合预期。

另外批量制作阶段，我们要保持和外包的长期友好联系。我们需要保持核心外包的稳定性，掌握核心外包的人力情况、外包的意见和建议。我们要及时采纳，并积极去了解后续进展。要把外包要看成项目的一分子，共同攻克项目的难题，因为在某些方面外包其实很有经验，他们的长处我们也可以积极去学习。此外我们要积极培养外包的能力，外包能力强并且稳定在项目中，对项目的长期开发是非常有好处的。定期走访主要的供应商，也是我们保持与供应商良好关系的一个主要方式。另外在项目的沟通中，我们可以多采用电话会议沟通的方式，这样的沟通方式是非常有效率的。

3.3.4　测试阶段

/ 测试阶段特点及管理方案

测试阶段会经历一系列密度较高的大小测试。

与 Alpha 阶段最大的不同点：Alpha 阶段是经历批量制作－迭代－批量制作－迭代这样交错进行的过程。而测试阶段，我们不光要进行批量迭代，同时会并行进行针对测试的一系列迭代，因此测试阶段迭代密度是非常大的，如图 3-25 所示。

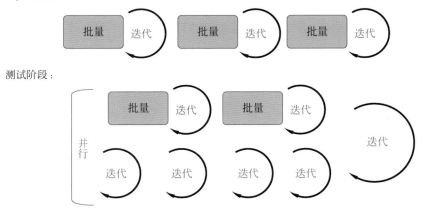

图 3-25　alpha 阶段与测试阶段对比

测试阶段美术需求有其特点：

- 紧急需求量大增，变更频繁。在批量开发阶段，项目主要在铺量，而测试阶段受市场、玩家、测评等影响大，经常会新增紧急的迭代需求，因此变更也更加频繁。

- 美术迭代需求量增大，开始进行质量上的打磨。

- 批量开发的需求没有减少，因为每次测试都会考虑投放一些新的内容，同时我们还要考虑上线后的资源储备，因此批量开发是持续进行的。

- 时间节点更加严格。在 Alpha 阶段，里程碑版本的节点并没有那么严格的限定，如果时间来不及，大概率会调整计划。但是在测试阶段，项目首先对玩家、合作商等是有时间承诺的，其次为了项目尽早上线，尽快地打入市场占领先机，项目测试也需要有严格的时间计划。

而产品开发的情况是：

- 里程碑的密度增大了，一般 1~2 个月有一次测试版本，因此项目开发的节奏加快，项目开始实行周双版本，甚至是日版本等更加快速的迭代方式。

- 项目实行多分支管理，版本控制更加严格。

针对测试阶段以上特点，分享一些测试阶段时间管理的经验。

（1）增加优先级别的选择范围。一般我们优先级别都是用高中低来表示，这样选择范围比较小。产品习惯性将需求优先级设置为高或中，这样你会发现项目很少有优先级低的需求，在进行计划安排时，这样的优先级是没有意义的。增加优先级选择范围，可以将优先级用数字表示，比如从 1 到 10，这样更能区分开它的优先级差别，保证最有价值的需求最先制作，同时要及时更新和定期确认优先级的排序。

（2）倒排计划，正向推动，制作方法适应周期时间。因为每个测试制作周期都比较短，我们必须要采用倒推法，看看这样的时间周期内到底能制作多少需求，如果需求量超出预期但无法缩减，我们就用制作方法去适应制作周期。比如某需求原本需要全新制作，但因周期限制，我们采用复用的方法来缩短制作时间。

（3）除周期较长的纯效果迭代需求外，功能性迭代需求设定迭代周目标，尽量加入项目的周版本规划中。

（4）新手、性能优化等任务专项排期跟进，负责人在负责效果同时要协助 PM 一起来把控这个进度。有必要时我们可以成立类似特性团队的攻坚小组，坐在一起及时沟通问题，遇到难题通过攻坚会议来讨论解决。每周更新相关需求，审核进展。相当于这两个专项任务安排了美术环节内部的周版本。

（5）需求规划可以采用思维脑图的形式，让各类型繁杂的需求更加有条理。

（6）在进度和质量上我们要找到平衡点。如果我们光注重进度，而忽视了质量，这样会流失一部分对质量要求比较高的玩家。如果我们只重视质量而忽视了进度，那么我们游戏上线会遥遥无期，在市场竞争中错失机会。因此有些需求虽然没有完成，但玩家可以接受，我们就可以提前投放测试，有总比没有好，不要在一个点上持续打磨而误了大局。

（7）提前规划好可预知的重要非紧急需求，如 KV 海报、后续测试要投放的内容等，上线后的资料片储备也可以提前做起来，以达到良性循环。

（8）我们要严格遵守 svn 资源提交的规范，一方面确保资源及时放进游戏，另外一方面保证美术的资源提交不会给产品对外测试版本带来重大的 Bug。

3.3.5　运营阶段

/ 运营阶段特点及管理方案

不同项目运营期差别非常大，不同类型不同营销策略和不同的上线成绩都会带来完全不同的结果。这里假设为一款成功项目，那么我们在运营阶段需要注意什么呢？

运营阶段的需求特点：①进度要求非常高，时间节点几乎没有商量的余地。这非常好理解，上线后的项目，其内容投放规划是有营收和吸量策略的，这关系到项目的收入、玩家的粘度。②质量和性能要求都不能出现差错。③紧急需求多，变更量大。④节日版本、资料篇需求量大，版本密度非常的高。

针对以上特点，我们看看运营阶段的时间管理方案。①用成本换进度和质量，上线以后的成功项目本身是有一定的收入的，这个时候进度和质量就显得更为重要。②各类需求灵活安排。节日需求、资料片需求要提前规划，变重要紧急需求为重要不紧急需求。迭代需求长线规划穿插进行。我们看图 3-26 运营期需求的象限图。横坐标是重要程度的坐标，纵坐标是紧急程度坐标。第一象限就是重要又紧急的需求，可以看到活动资源、节日资源、重大 Bug 等，很多的需求类型都落在这个象限，而其他像零碎的增补资源、小型 Bug、迭代需求、储备资源等都落在其他不同的三个象限，这三个象限

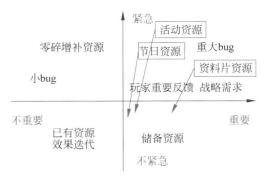

图 3-26　运营期需求的象限分布

内需求类型比较少。所以运营阶段时间管理难度比较大，很重要的原因就是有很多资源都属于紧急又重要的需求。像重大 Bug、玩家的重要反馈、一些临时的战略需求，它们的重要程度我们无法改变，而紧急程度往往也无法控制。那么我们能控制的就是活动资源、节日资源、资料片资源，这些我们可以进行提前规划，把它从重要紧急需求变为重要不紧急需求。图 3-27 是广州某项目的美术资源进度日历，通过该日历将每个节日都列出了对应的规划，这样提前规划提前制作，进而把项目带进良性循环。③我们要主动沟通，通过取巧的方法缩小范围，比如如果有资源可以复用，这样可以大大地缩短制作周期。④人力和需求进行分级，对应安排合适的难度和重要度的需求。

2017	类型	阶段	1月	2月	3月	4月	5月	6月	7月	8月	9月	10月	11月	12月
		节日		元宵情人节龙抬头	妇女节植树节	愚人节清明	劳动节母亲节父亲节端午节	儿童节小/大暑	建党节七夕	建军节立秋	中元节教师节秋分	国庆节中秋节重阳节	立冬小雪	大雪冬至
角色	新主角	需求到位		女龙将										
		完成		3月7日	植树节活动		师徒系统第一期							
	套装	需求到位												
		完成												
	变色	需求到位		3月14日	拍照功能2.0第一期		初中期付费拓展 小号			优化				
	绘制	需求到位					制作名单		节日福利界面迭代					
		完成												
	坐骑	需求到位												
		完成												
	表情包	需求到位		3月21日			任务		系统		朋友圈第一期			
		完成												
	装备	需求到位			小商		任务							
	海报	需求到位												
		完成												
场景	新增迭代			3月28日	愚人节活动		表情动作迭代			清明活动				
	自迭代				联赛 小商									
	活动场景	完成												
	3D副本	需求到位												
		完成												
GUI	新增			待定			Facebook SDK接入							
	自主迭代													
节日活动		GUI			清明节									

图 3-27　美术资源进度日历

以上就是游戏美术时间管理的一些基础知识和经验分享，总结一些关键要点：计划制定主要步骤为排列顺序、预估时间和制订计划。排列顺序要考虑优先级、周期、难度等多方面因素。预估时间的重点是建立在典型时间的基础上，减少帕金森定律带来的负面影响。制订计划要滚动规划，计划需要得到相关干系人的确认。进度跟进可采用关键路径法和挣值管理，及时发现偏差和纠正偏差。游戏美术时间管理中要有敏捷开发思维，尽早进行功能和效果验证，再进行细化迭代。项目不同开发阶段的时间管理有不同的注意要点，这些都来源于项目实践，不同的项目也有自己的特点，因此仅供参考。纸上得来终觉浅，绝知此事要躬行。本篇内容的学习还需要大家在实践中多体会。

04 绣花针——范围管理
Scope Management for Game R&D

4.1 游戏研发范围管理

4.1.1 定义

项目范围管理是指收集和定义项目的需求（包含策划需求、美术音视频需求、程序开发需求、TA技术美术需求、营销需求等），标识项目的交付和验收标准，通过开发过程中的变更控制和阶段验收，确保完成的内容满足项目的要求。

4.1.2 描述

项目范围是指为了达成产品交付必须完成的工作，包括业务需求（比如产品的属性和功能、实现AAA游戏的表现效果和视听体验等），交付要求【比如交付时间、验收标准（游戏的程序功能支持、美术音视频资源在游戏内的视听体验效果、资源的规格参数）】，项目管理要求（如项目管理方法、流程、团队管理、供应商管理等）。

通过图 4-1 大家看到，范围管理通过分析范围、定义范围，确保项目走在正确的研发线路上；在项目的整个开发周期，通过控制范围，确保项目范围满足交付的要求，最终通过验收范围确认交付。图 1 是项目各阶段主要涉及的范围管理工作。需要注意的是，游戏敏捷开发过程中，范围的分析、定义、验收都不断重复循环进行，范围控制更是每时每刻都需要关注的。

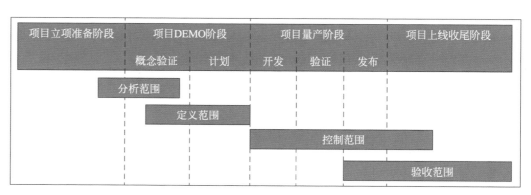

图 4-1　项目范围管理

4.1.3　游戏研发产品范围和项目范围的区别

产品范围在游戏开发中其实是一个比较抽象的描述，是对一个功能特征的描述。项目范围是具体的可拆解可衡量可实施的计划。项目范围支撑着产品范围，两种范围的定义紧密结合，以保证项目的实施，并最终为一个或一系列满足特别要求的产品。

例如公司开发一个 MMO 项目，产品范围就是给玩家提供一个基于沙盒玩法的次时代美术表现的 MMO 游戏，为了完成这个游戏项目，完成具体模块的策划、美术、程序、音频、视频、营销等资源的开发则为项目范围的一部分。

4.1.4　游戏研发范围蔓延和范围渐进明细的区别

游戏研发范围蔓延指项目在进行期间需求缓慢增加，超出了游戏 Demo 评审通过后制定的量产阶段的范围框架，造成质量下降、成本超支、进度延期等常见风险。例如，未对时间和成本影响进行评估，增加额外的功能、额外的策划案调整等。项目要严格控制范围变更，评估范围变更对进度、成本与质量的影响，防止项目失控。

范围渐进明细是随着项目工作的开展，项目信息越来越精确。由于识别、分析、认知能力的局限和经验的不足，项目范围在最开始的时候是不够清晰的。如在多数游戏的 Demo 阶段，整体游戏的范围不够清晰，产品经理 / 主策划在 Demo 初期往往只能提出核心玩法和大概要什么，但无法很具体，无法明确怎么去做。这就需要在 Demo 的过程中不断地细化、完善，逐步明晰项目的范围。

4.1.5　角色和职责

这部分内容主要介绍哪些人需要做哪些事，产品经理和主策划是在开展范围管理工作时，大家需要重点管理的干系人。

1. 产品经理 / 主策划

● 确定需求的优先级别。

● 对需求进行澄清（澄清主要指做什么，为什么要做）。

● 批准项目需求和交付标准。

● 批准项目范围和范围变更。

● 对项目交付进行审核验收，并批准项目成果。

2. 产品 PM/ 美术 PM

● 参与需求优先级的制定。

● 与项目利益干系人在项目范围管理中充分的沟通和互动。

● 与项目成员沟通项目范围，以确保所有项目成员理解和接受项目范围。

- 针对需求和项目范围变更，向产品经理或主策提出建议。

- 确认所有对项目范围的影响因素被识别。

- 进行需求管理，需求跟踪。

- 组织验收工作，确保项目范围实现并顺利交付。

3. 项目成员（程序、美术、策划、QA、音视频、营销、UI）

- 积极参与项目需求分析和项目范围确认，一般由 PM 带动各环节的主要负责人一起开展。

- 聚焦于项目目标的执行和结果产出。

- 参与项目的验收，保障各环节资源的交付。

4.2 游戏研发分析范围

4.2.1 定义

分析范围是指对项目需求进行分析，简单来说，就是要想清楚了再做，识别和确定项目应该有什么，不应该有什么，之后才能定义需求，把项目目标分解成可管理的交付件并对需求进行优先级排序。

4.2.2 描述

基于需求的价值以及项目人力及预算等资源的限制，和项目开发过程中的不确定风险，游戏开发项目的所有需求需要进行优先级的管理和产出排序，保证项目价值的最大化，项目成果必须被分解成可管理，可交付的组成部分，同时明确交付的标准。例如：匹配机型性能的具体指标、美术资源的具体参数、同屏的面数、特效粒子数、对标的美术竞品效果实现、引擎的光照效果表现等很具体的交付标准。

随着产品经理的要求和团队能力的不断提升，在分析需求的时候还要从如下方面进行关注：成本、性能、技术限制、可靠性、可维护性、可实现性、可测试性、安全性、可采购（外包）性。

以某里程碑需求收集为例，里程碑范围内需要做哪些美术资源呢？

首先想到的是这个里程碑需要实现的功能所对应的美术资源，这部分资源在确定里程碑的产品需求以后就可以对应的列出来，一般是由策划列出给到美术。但是鉴于策划对美术需求的了解并非个个都专业，美术 PM 应反向推动产品，协助美术组补充策划未考虑到的需求，确保各类需求没有遗漏。举个例子，有个特效需求是主角释放技能时，身后出现闪光的金狮子。这时策划可能只会提出一个狮子的特效需求，但其实在特效环节开始之前，需要完成一个狮子的模型，我们就很容易遗漏这个模型需求，等到特效开始时发现问题临时制作就来不及了。

除了里程碑功能开发需求外，我们还要考虑到美术制作周期比较长，后续里程碑周期较长或难度较大的需求需要提前规划，可以提前开发其中比较明确的需求，这样可以减少后续美术需求的堆积。

以上除外，我们还要考虑到美术迭代相关的需求，特别是项目的中后期，这部分需求占比是相当可观的。这些迭代需求一般来源于 UE 测试、中期评审、高层反馈等，还有一大部分为美术自主提升需求。这就需要美术 PM 将这些迭代的需求及时加入需求范围，这部分需求很容易被人忽视和遗漏。

4.2.3 工具

进行范围分析的工具有很多，只要能帮助理解需求，表达各内容间的逻辑即可。xmind 是最常用的工具之一。图 4-2 所示，运用图文并重的技巧，把各级主题的关系用相关的层级图表现出来，运用在问题解决与分析等方面。

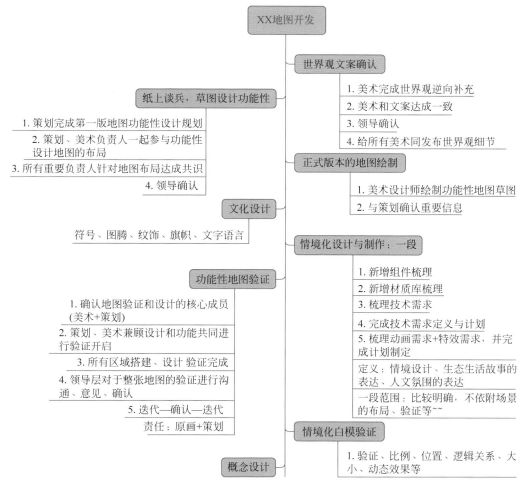

图 4-2 xmind 思维导图

4.2.4　关键输出

该阶段主要输出为需求相关文件。图 4-3 为一些需求文档实例。

需求文档的主要作用是对需求的输出规范进行管理，团队需求模板的统一，能尽可能地避免需求输出的混乱。

需求分级的主要作用对需求进行整体的资源分配。重要度及优先级都高的资源，在内部排期和外包使用上都会调配核心资源来解决，重要度低且优先级低的资源，会通过复用或非核心外包制作的方式进行开发。需求分级（图 4-3）通常包含需求在产品层面的重要度、时间、制作开发的难度、内外包制作的占比、匹配的供应商级别等维度。

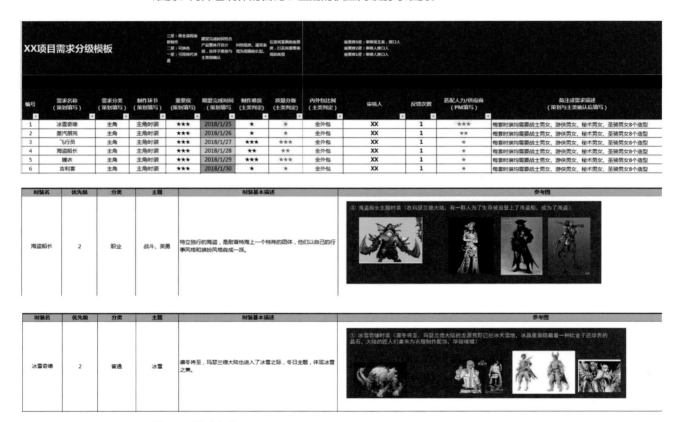

图 4-3　需求文件

4.2.5　需求分析和优先级排序

需求提出后一定要分析所有需求，并把分析结果文档化。例如：对于 XX 大世界场景分布的小怪列表，所有的小怪都应该有清晰描述，每个小怪的验证使用方法要定义清楚。这些都是由上下游环节的干系人（策划、美术、程序、音频、视频等）讨论确定下来的，是验收标准的重要输入之一，是需求文档通过审核的必要条件，是交付满意成果的必要条件。

项目成员应该尽早地参与需求分析，充分理解需求，在整个产品开发周期里，分析和定义一个需求时，至少要回答以下几个问题：

1. 需求的世界观背景

2. 需求的功能及特点

3. 需求使用的场景

4. 需求所要涉及的环节

5. 需求的限制条件

6. 需求的时限是多久

7. 需求最核心的要求是什么

8. 哪些条件可以放松

9. 需求的优先级

产品开发中，合理的需求都有自己存在的价值和道理，所以在日常的管理中，我们的理念还是以尽量满足产品为大前提，去进行需求的前置管理。

以上的 9 个维度，是需要产品需求提出者和美术团队需求对接者共同关注和沟通的，也是后续正式需求发布后，用于检查需求是否达到要求的 9 个维度。下面我们来详细说下这 9 个维度。

/ 需求的世界观背景

游戏的世界观背景是整个需求大框架里最重要的，它为游戏各方面（美术风格、系统玩法、剧情故事等）的设计提供依据：它解释了故事从哪里开始，为什么会发展到现在，给玩家解释了双方或多方冲突的原因，以及双方或多方要达成的最终目的，世界观背景是游戏世界的基石。

对于玩家而言，世界观决定代入感。我为什么要去杀死那个怪物？为什么我能够使用火球术？都是结合故事背景来的，在一个奇幻 / 玄幻 / 武侠的设定中，我的能力和行动是合理的。一个好的世界观，就是一个让人信服的世界观（不一定要符合现实世界的规则，只要你能自圆其说）。

与供应商正式合作时，给外包对接项目的专业负责人讲清楚项目的整体世界观背景也是重要

的一环。

/ 需求的功能及特点

游戏开发中，需求的功能特点是指单个需求（如某个主角、某个 BOSS、某个坐骑等）唯一的，特有的功能和个性特点。

在需求阶段，通过分析需求的功能和个性特点，明确需求的外形、动画特效表现。例如一个 BOSS 需求，首先需要明确这个 BOSS 的核心玩法，根据核心玩法进行 BOSS 的整体设计讨论，再进行环节的拆分，最后输出完整的、各环节达成共识的方案。

/ 需求使用的场景

单个需求在游戏实际中的场景应用，了解这部分的关键在于清楚掌握需求所处环境的特点，防止美术设计时与场景脱离。

/ 需求所要涉及的环节

单个需求需要涉及如美术、音频、视频等环节，需要清楚了解所涉及的各个环节，做更全面的前期沟通以及信息同步。

/ 需求的限制条件

如性能参数限制，策划特定条件限制，美术特定条件限制等。

/ 需求的时限是多久

具体指策划需要美术资源到位的时间，即全流程交付周期时间。该节点是和美术共同讨论达成共识的，这决定我们是否可以达到项目的时间预期，从而决定范围是否合理。

/ 需求最核心的要求是什么

最核心要求是策划定义的需求本身的最核心要点，如功能性、风格特色等。这需要重点分析关注。

/ 哪些条件可以放松

要关注性价比，美术和策划需要就成本和效率做沟通。如通过复用、换色、在原有资源基础上修改等来节约时间和成本。如果时间上可以放松，则通过推迟外放时间等方式来保证美术质量。

/ 需求的优先级

需求的优先级排序用于支撑项目范围和项目决策，需要关注以下几点：

投入回报比： 高回报的需求优先级更高（如程序开发、光照、毛发、材质表现这些需求的实现能够使项目的效果有巨大的提升，属于高回报的需求）。

需求来源及干系人优先级别： 如果需求是来源于高级管理层或产品经理，需求需要重点考虑。

玩家满意度的影响： 需求实现后，是否能够很大程度提升玩家的满意度（如玩法需求，美术的风格需求和资源等）。

对核心竞争优势的影响： 要考虑该需求的实现带来的市场竞争优势，这些需求包括：①竞争对手没有但产品经理期望比较大的；②能给竞争对手造成竞争壁垒（此块还需注意专利的申请保护）；③竞争对手已有，产品经理也希望项目能有的。这些需求都会直接影响产品的竞争力，需要重视。

需求的实现难度，需求依赖关系及成本的影响： 要考虑该需求的技术是否准备好，内外部的人力是否可以保证，进度方面是否可以按期交付。考虑需求之间实现的依赖关系以及需求实现的成本。

项目的重要干系人（产品经理、主策、美术经理、主美、主程、QA）和项目成员应根据上述方面对需求进行优先级排序并达成一致，原则是价值最大化、成本最小化。

下面用一个案例来加深大家对需求分析的了解。

◆ **案例 4-1**

需求理解不一致，执行需求缺乏沟通机制的对策

在 XX 项目的开发中，策划对于美术的产出不满意：美术这个产出不是我想要的。美术同学反馈道：你的需求不就是这样提的吗，你怎么不早说？策划又回答：你怎么不早问……后续就是互相推卸责任的场景。

在游戏开发中，这样的场景可以列为延期、加班、迭代（返工）和破坏团队氛围的最大元凶之一。我们常犯的错误：需求做了再说，需求边做边看，这些都会带来很糟的结果。我们为什么不及早的梳理清楚能达成共识的目标呢？

/ 原因分析

现导致需求混乱的情形有三种：

1. 需求提出者，自己没有想清楚

"策划自己都不知道要什么，配的图还是像素极低的页游参考图，却要我做出战神级别的优秀特效……"类似这种抱怨，听着耳熟吧？

2. 需求提出者，认为合作者能够理解他的想法

每个人对自己，对别人都有预期，当双方预期不同，往往就会出现问题。

有时候少一点沟通，就可能会出现加班返工。一方认为：这个你用脚指头也应该想到，这还要我说吗？另一方则认为：这个你不告诉我我怎么知道？

3. 需求提出者，认为对方不清楚会来问

现实中很多成员在未理解清楚对方需求的情况下并未主动沟通，而是乐观地认为自己的理解肯定对，结果就出现了问题。

在产品开发的任务中，无论是什么需求，我们一定要想办法执行前置思考、前置沟通的原则，让自己想清楚，帮助对方想清楚，及早达成共识。

新组建的团队、前期的项目、陌生的任务、有新人加入等情形下，更需要建立起完整的沟通机制，严谨的需求流程。当克服了早期的困难，度过磨合期，整个项目的效率就会成倍的提高。

/ 解决方案

从需求到制作我们可以把它拆分成以下几个步骤，通过一步步的规范执行来解决需求分析和沟通问题。

（1）需求准备（策划根据地图，任务，副本，玩法发起的任何需求）

（2）需求前期沟通（需求的细节完善）

（3）需求发出（正式有效需求）

（4）需求排期（计划）

（5）需求评审（问题解答，进度追踪）

（6）需求正式开发

4.3　游戏研发定义范围

4.3.1　定义

定义范围是制定项目和产品详细描述的过程（PMBOK 指南）。在我们工作中可具体为沟通需求细节，确定完成度要求，明确需求的验收标准等的一个过程。需求的质量要求和完成度决定一个需求到底要做多久。

4.3.2　描述

定义范围通常采用需求分析会的方法。会由策划、美术负责人（主美，美术经理）和 PM 一起确定需求，沟通需求的主要细节，明确验收标准。

验收标准影响因素主要有 3 个。①需求目的。这个需求是用来做什么的？例如项目需要一个场景来验证功能玩法，未来这个场景并不会被正式使用，那这个场景完成度只需要满足功能开发即可，完成度过高反而是成本的浪费。②时间周期的长短。如果里程碑开发周期远短于制作的周期，我们就需要考虑合理的解决方法，其中降低需求完成度也是一个选择。比如项目里程碑目标更看重功能的实现，那就将重点放在完成整体的功能版本，或采用替代资源，之后再继续完善。③性价比。有些需求提高质量标准的成本比较高，有些需求重要度不高，高质量带回的收益很小，这个时候我们就需要考虑性价比了，需求分级也是从这方面来考虑的。有些需求属于尝试性的，后期修改甚至重做的概率比较大，那就要视情况来定一个合理的交付完成度，以减少浪费。

定义范围是项目成功的关键，当项目范围没有被定义清晰，最终项目费用可能超支，不受控制的变更会导致项目的开发节奏被打乱，不停地迭代（返工），开发周期的拉长，效率的降低和士气的低落，是项目陷入死亡滑梯的最大导火索。

4.3.3 关键输出

定义范围阶段会输出验收标准相关文档，如性能配置单、各环节质量模板等。图 4-4 为性能配置单的实例。

综述 场景 角色 特效						实际 ⏻
类别	目标分类	性能指标分类	高配	中配	低配	备注
全局		同屏渲染DP(含UI)	155	135	115	峰值
		同屏渲染面数	9w	9w	7w	峰值
		同屏蒙皮角色面数(cpu/gpu)				
		同屏角色DP				
		同屏特效DP				
		操作界面UI DP	25	25	25	
场景	主城和野外	同屏场景面数	5w	5w	3.5w	
		同屏场景DP	70	60	40	
	普通战斗副本	同屏场景面数	4w	4w	2.5w	
		同屏场景DP	60	50	30	
	大规模PVP副本	同屏场景面数	4w	4w	2.5w	
		同屏场景DP	60	50	30	
	贴图尺寸	场景最大贴图	1024*1024 (目标值：512)	1024*1024 (目标值：512)	1024*1024 (目标值：512)	
	Lightmap	单个场景lightmap单张大小	1024*1024	1024*1024	1024*1024	
		单个场景lightmap张数	1	1	1	
		视距	75米	75米 (目标值：70米)	75米 (目标值：50米)	

图 4-4 性能配置单

4.3.4　工作分解结构（WBS）

游戏美术需求的工作分解结构（WBS）可以理解为资源的拆分，目的是更准确的估算工作量，制作周期和成本（见图 4-5）。最常用的拆分方法就是先按需求环节来拆分，其次是按环节的内容来拆分。角色需求大部分拆分到原画、模型、动画等环节，我们就能准确的估算出它的工作量和周期了。如果还难以估算就拆得更细一些，如模型拆出粗模、高模等中间环节，这样可能对有些需求的估算和跟进更有帮助。场景需求如果只按环节拆分的话，那么制作和编辑环节周期就会比较长，而且里面组件很多，很容易遗漏。因此环节拆分后还需要尽量罗列出各环节内容，才能更准确的估算出它的工作量。

图 4-5　项目美术开发 WBS 分解图

拆分 WBS 我们需要遵循一些原则：①可分配到个人或团队，有明确的责任人；②根据需求类型，目的和重要程度决定分解层级和力度。重点的需求需要跟进得更细，因此会拆的更细；③对应的制作周期不宜过长，否则估算不准确，且不利于跟进；④滚动规划。即将要做的需求更要明确，可以拆分得细一些。未来要做的需求目标还不是很清晰，我们没有必要一开始就将它拆分的很细；⑤没有需求遗漏。我们的 WBS 一定是包含了所有的美术需求，同时对应定义范围过程确定下来的可视化的目标，这样我们就能够直观地规划和跟进需求了。

有时可以根据项目开发情况，计划跟进粒度需要，将环节拆分得更细。特别是需要敏捷开发的需求，表现在需求表中实例如图 4-6 所示。

图 4-6　WBS 环节细颗粒度分级而示意图

有些周期较长的需求按环节拆分还不够的话，可以按内容、制作方式或步骤来拆分。例如图 4-7 的实例在不同环节用了不同的拆分方式。

		沙盘地形图草图
	原画	沙盘图细化
		树*3、石头*3组件原画设计细化
		建筑*3，功能点*6设计细化
		树，石头粗模粗贴
	制作	树，石头贴图完成
		建筑，功能与组模组贴
XX场景制作		建筑，功能点贴图完成
	编辑	粗编	地形
			地表贴图，颜色，路径确定
		细编	模型替换修改
			打光美化
			细编调整
	特效	火焰，火星
		烟雾，云雾
		水流

图 4-7　WBS 环节分解示意图

WBS 拆分没有固定模式，只要符合正确性、实用性即可。不同类型的项目环节差别很大，特别是 2D 类和 3D 类项目，WBS 拆分方式也不一样。需求的交付完成度对 WBS 拆分也有较大影响，因此确认完成度最好在 WBS 拆分前进行。

4.4 游戏研发控制范围

4.4.1 定义

控制范围是指使项目的成果和项目已定义范围保持一致，并管理需求和项目范围的变更，确保所有的范围变更经过统一的变更流程。

4.4.2 描述

控制范围是监督项目的范围状态、管理范围变更的过程。对项目范围进行控制，就必须确保所有请求的变更都经过统一的变更流程的处理，防止项目范围蔓延。

范围变更分析要重点考虑对项目价值、项目策略、项目质量、项目周期、产品目标成本、预算以及项目利益干系人的影响。要保证相互关联的需求之间的一致性。当其中的一个需求发生变动时，与其相关联的需求都要得到审视，判断受影响程度，然后做出相应的变更。任何已接受和批准的变更应该在规格范围内和项目计划中得到更新。变更应和所有的项目成员以及受影响的利益干系人进行沟通和信息同步。

在大多数项目中，项目范围会发生变更。变更原因有可能如下：

（1）发现已定义的项目范围中矛盾的、冗余的、错误的地方。

（2）范围改变或新需求。

（3）新技术和新工具的引入。

（4）项目实施过程中因不可控因素导致需要变更。

值得注意的是，控制范围并不是限制范围的变更，而是保证范围的正确变更。对于可能的范围变更，应积极主动地分析是否存在价值，尽可能地创造条件接纳高价值的范围变更。

4.4.3 需求变更控制

当需求发生变更时，要对需求变更进行有效管理，要重点关注如下几点：

（1）需求变更来源是否是可追溯的、有明确来源的，例如相关标准、规范等。

（2）建议的变更是否有负面效应或风险。

（3）从技术条件、员工技能、资源的角度看该变更是否可行。

（4）配置更新：对于所有变更，最后要保证需求跟踪矩阵和所有的配置项得到了统一的更新。

下面针对范围控制来看一个案例。

◆ **案例 4-2**

新增需求导致项目延期

B 项目在 Demo 的最后半个月，主策划提出在原有的体验基础上添加更多的城市生态体验内容，据点里面需要增加更多的 NPC 和动画，以及 NPC 之间的交互。而原版本是传统的主角与 NPC 交互的方式。美术组给出的方案是使用替代资源和少量动画补充，在原计划时间点完成整体的交互体验，并参加 Demo 评审。在计划进行到一半时，发现交互的实现效果很差，资源量级完全不够，问题变得非常棘手，最后为了更好地体验，需要生产更多的动画资源，Demo 申请延期一个月评审。

在项目的开发过程中，策划经常会提出新需求。案例中新需求分析时，对新增需求的影响评估不够全面和准确，为了赶时间节点的临时方案并没有进行最小化版本的验证，且工作量超出了预期，这样的新增需求往往会导致项目的延期。

4.4.4　点评

接受新需求或需求变更时，要全面分析需求变更给整体方案带来的变化。

4.5　游戏研发验收范围

4.5.1　定义

游戏项目验收范围指正式验收项目已完成的游戏内成果的过程，可以是玩法，可以是美术效果，可以是引擎开发的进展等。

4.5.2　描述

验收范围包括与产品经理、项目重要干系人一起验收游戏内的交付成果，确保需求的按时保质完成，并获得产品经理和项目重要干系人的正式验收确认。

通常的验收形式包括不仅限于周版本，月度里程碑，中期评审的游戏内验收，以及产品经理、总监发起的临时验收。

游戏项目的验收和传统行业有一定区别。验收形式可以很灵活，除了周版本、月版本等各个阶段的验收外，在有必要时可以通过会议等形式随时发起验收。

4.5.3　验收范围与质量控制的区别

验收范围主要关注对游戏内可交付成果的验收，而质量控制则主要关注游戏内可交付成果是否正确，以及质量是否满要求。质量控制一般早于范围验收，但是也可以两者同时开展。

4.5.4　关键动作

以交付的美术质量、参数、性能指标标准为基础，在阶段结束或项目结束前，提前预约好所有干系人，说明验收的方式——可以是任务体验、视频预览、主线任务展现、单独资源展示等方式，但前提是一定要验收游戏内的效果，手游最好是手机端的效果。验收过程中对干系人的疑问进行澄清，记录遗留问题。完成验收后与策划、程序、策划、美术音视频、QA 共同评估单次验收是否达成目标，在达不到标准的情况下，需确认是否启动下一次验收活动。

◆ **案例 4-3**

非游戏内的资源验收

A 项目在 Demo 第一次验收时，美术提供的资源效果全是在编辑器内的效果，因为资源还没配进游戏就发起了第一次验收会议，项目的重要干系人都只验证了编辑器的效果表现，结果很满意。过了一周，资源进入游戏后才发现引擎的效果表现和编辑器的差距很大，整体美术的品质在实际游戏中的材质，光照的效果表现并不好。

4.5.5　点评

验收一定要定义清楚标准，游戏研发的验收无论是哪个环节和模块，都需要遵行用游戏内的最终效果来进行资源达标的验收。

4.6　游戏研发范围管理总结

项目范围是"三权分立"中的最基本、极重要的一权，它是整个项目整体开发的依据和标准，没有它很多扯皮的事情就会发生，没有它整个开发就会像没头苍蝇一样无序。

在跟进项目的时候，产品 PM 和美术 PM 在进行范围管理的时候，需要建立有效的沟通和信息同步机制，需求的前置管理和有效需求的输出是我们范围管理中需要重点关注的点。

最后重点强调的是，需求一定要在游戏内验收。

05 玄铁重剑——项目质量管理
Project Quality Management

5.1 质量管理简介

质量管理是指确定质量方针、目标和职责，并通过质量体系中的质量策划、控制、保证和改进来使其实现的全部活动。用于游戏产品就是保障游戏产品的开发以及运营的实现和稳定。对于游戏质量而言，可以整体分为两种质量的体现：一方面是产品的品质，即是否符合设计目的，简而言之就是产品是否好玩、有吸引力；另一方面是产品的研发质量，即是否有不可接受的缺陷，就是运行的时候是否 Bug 多。新人需要加强这两方面的意识，不能只着重其中一样。好玩又 Bug 少的游戏才是好产品，缺一不可。

5.1.1 理解测试业务

时间指向 2003 年，网易游戏的第一款成功产品——《大话西游 2》正式开始收费运营已有半年时间了。玩家的反响非常不错。但公司领导们面对着一个急需解决的情况。《大话西游 2》的团队里有策划、程序员、美术、市场、客服等人员，却并没有测试人员。由于未经过专门的测试，对外发布的版本总有这样那样的问题。客服同事疲于应对玩家的投诉，策划、程序也要不停地花大量的时间精力来弥补出现的错误。

每一个错误，都会严重地破坏游戏的平衡，缩短游戏的寿命，是重大的游戏运营事故。短短的半年内，仅仅是如此严重的问题，就有四次之多，其他的小修小改就更别提了。换成今时今日，也许游戏的用户会迅速流失，被其他竞争产品带走。

而且，这每一个错误，重现条件并不复杂。如能提前发现，就可以挽回巨大的损失。因此，游戏部领导决定在当时的游戏技术部下面，建立一个 QC 组，专职测试工作，这正是 QA 部的前身。

在某次内部开发测试时，测试人员发现了一些问题，认为会产生比较重要的影响。这个问题反馈给策划、程序，却没有得到认同。他们认为问题影响不大，版本可以继续外放。最终，策划、程序坚持己见，将版本外放了。外放以后，真的如同测试人员预期的一般，问题招致了玩家的不满。自此以后，游戏部领导决定，测试报告第一项为测试人员是否同意外放。如果测试人员不同意外放，策划程序仍然坚持外放，就必须由产品经理拍板决定。当然，产品经理也要为决定负起责任，这个模式延续至今。

另外，对于游戏产品来说，对于运营中出现的问题，很典型的做法是热更修复。热更修复可以快速补救在线产品的质量，但同时也会有新的风险和隐患产生。所以 QA 与 PM 同学需要在热更时尽可能降低问题的发生，例如在内服环境的同一个热更包体的测试，然后回归测试的覆盖，制定合理的热更流程，避免次生事故。另一方面，运维的人员会做后台数据的处理、甚至 SA 会对服务器进行维护或者开关等。但这个过程可能会误伤正常的数据或者服务器。我们需要通过合理的运营环境处理流程，以及权限控制去避免这些问题。

5.1.2　PM 与 QA 紧密合作

PM 在产品开发全生命周期中，同样需要肩负质量管理的责任。我们鼓励 PM 与 QA 紧密合作，这样可以更好地完成质量的监控与控制。

首先，让功能测试更深入。功能测试，包括文档分析、用例设计。而产生外放遗漏的情况下，有相当大的比例，是 QA 遗漏了一些需要测试的情况。简单看，我们可以认为是三个层面的疏漏。

一是需求的遗漏。没有做好测试用例准备工作，或策划需求在开发工作中有所变动，都可能导致某块内容被漏测了。对此，我们会组织用例 review、加强需求监控的流程，来减少类似的失误。

二是游戏的情景想象不足。真正地去玩一款游戏，让自己充分理解玩家玩游戏时想些什么、遇到些什么、感受是怎样的。

三是对游戏内部的技术机制不了解。尝试了灰盒测试、探索性测试，设计更全面的测试用例。还有一个方面，是需要考虑到测试覆盖率的，例如回归测试的覆盖率，PM 需要保证有足够合理的预留时间给 QA 进行回归测试，同时要有合适的流程保证 QA 有回归测试的执行覆盖率。尤其针对极端情况，可以考虑使用交叉回归的方式，确保回归测试的执行率，保证质量的稳定。

其次，用变动监控和自动化来应对版本迭代，建立标准，进行过程改进，预防同类问题。其中包括结果质量监控和过程质量监控。后面我们会详细地阐述。

5.2　结果质量监控

5.2.1　强化策划验收机制

在公司现存的开发流程中，策划责任制是一项基础的运行守则。策划作为需求的主人，对于每一条需求最终的交付负不可推卸的责任。在传统行业中，需求大多是通过完善的需求说明文档来传达，其中标明了可交付成果所需要达到的范围、质量标准。然而在游戏行业中，很多时候需求并没有明确定量的标准。策划将设计目的在脑海中转化为实现方式，并拆分为 UI、GUI、美术、程序需求文档提出，文档并不一定能够完全达意，信息传输的有效性在此便有了损耗。那么为了保证交付的成果符合策划的设计目的，减少信息不对称所产生的问题，策划验收这个环节就显得非常重要。

提到策划验收，更多的人第一印象就是执行策划确认各自完成的开发内容是否符合需求。这种直接的验收方式可以被看作狭义的策划验收。相对来说，在实际工作中，验收的操作不仅仅存在于执行阶段，很多规划阶段的审核也可看作是高层对于低层，由上而下的验收，诸如产品经理对于策划提出的系统设计文档的验收等。这种涵盖了审核及验收的更为包容的定义，可以被看作是广义的策划验收。本文主要从广义的策划验收出发，来与大家探讨一下我们常见的验收方式。

站在 PM 的角度，想要建立一个完整有效的策划验收流程，需要考虑的内容并不仅仅是指引策划完成需求验收这么简单。表 5-1 主要结合某事业部的案例，给大家介绍一下三种常见的验收方式。

正如前文所说，不同的项目情况、项目阶段及不同的验收目的，适用的验收方法千变万化。常见的验收方式可以大致的归纳为三类：指导性验收方式、执行性验收方式以及辅助性验收方式。

表 5-1　三种常见的验收方式

验收方式	特性	验收目的	关键词	可使用验收方法
指导性验收	多为高层、产品经理、主策监控使用；常用于项目开发前期，或系统、玩法制作的前期	对于游戏方向进行把控，保证输出内容符合产品的大方向	主管 游戏方向 开发前期	Demo、中期评审 策划拍砖会 主管文档审核 成品/半成品审核 阶段性成果演示
执行性验收	对于游戏细节的验收 贯穿整个游戏开发生命周期	执行策划对于制作内容的质量及范围的验收	执行策划 细节验收 全生命周期	验收关单流程 系统玩法跑查 QA 测试
辅助性验收	使用其他职能更为专业的视角协助策划进行验收，为产出提供更专业的保障，可贯穿整个游戏开发生命周期	通过职能协助策划对于范围、效果、质量进行更专业的验收	职能部门 细节验收 全生命周期	UI/GUI 跑查 UE/GAC 数值跑查 美术跑查 对外测试数据验证

/ 指导性验收方式

指导性验收方式的主要目的多数是高层、产品经理、主策划等对于游戏进行方向性的把控而使用的验收方式，如策划拍砖会，主管文档、半成品、成品审核，阶段性成果演示，甚至公司使用的强流程 Demo 评审及中期评审都可以认为是指导性验收方式的典型代表。由于随着产品完成度的提升，产品定位也逐渐明确，指导性验收方法的意义则逐渐降低，因此该类方法多在开发前期，如 Demo 及 Alpha 阶段时使用。

以某项目为例，为保证项目方向符合高层及产品经理预期，Demo 阶段对于需求的提出制作、验收都有着明确的四层策划验收流程（见图 5-1）。需求提出阶段，产品经理会依据产品方向提出大致的开发内容大纲并分配给执行策划进行设计制作，执行策划在设计完成后需召集策划进行策划拍砖会议，主要目的有三：①产品经理方向确认；②设计优缺点头脑风暴；③熟悉自己及他人的开发内容。拍砖会是主管对于设计目的的第一层验收，在正式进入制作前保证需求符合产品方向预期。拍砖会后，策划会根据拍砖结果完成策划文档并交于主管（主策、产品经理）进行文档审核，此为主管的第二层验收。若该项目拥有明确的周版本制度，在版本结束后会召开主管会，对于前一周期工作进行回顾及审核。主管会上，策划会定期对于在制品以及完成交付的需求进行

验收性演示，主管会根据演示情况提出相关迭代意见，此为第三层验收。最后，每个阶段性里程
碑结束后（通常为 1~2 个月），Demo 及 Alpha 项目都会面向事业部主管层面进行一次里程碑
验收演示，明确产品制作现状，主管会根据演示情况提出相应改进意见，此为第四层验收。每一
个需求在经历四次指导性验收后，基本能够保证符合产品方向性预期。

图 5-1　Demo 阶段需求验收层级

/ 执行性验收方式

执行性验收方式的使用贯穿整个游戏的生命周期，也是每一位策划对于自己制作内容质量及范围
的基本保证。与指导性验收方式相比，执行性验收更偏重于游戏内每一个实现细节的勾勒，也是
最基础的策划验收方式。在日常工作中，我们使用较多的执行性验收方式有策划验收关单流程，
系统玩法跑查等。

实际工作中，策划关单流程是较为常见的执行验收方式（见图 5-2）。多数项目的使用都是在项
目周版本流程中加入策划关单环节：需求设计、开发、测试完成后，需求单进入测试完成区域。
此时策划需根据需求单描述对于提交的可交付成果进行逐一验收，确认制作内容覆盖文档中提到
的所有需求点，并确认是否满足质量要求及策划的设计目的。需求通过验收，则进行关闭需求操作，
若不满足，则需明确后续改进方式，提出相应迭代需求。

图 5-2　典型执行性验收方式：验收关单

/ 辅助性验收方式

辅助性验收方式则是通过其他职能辅助，输出可供借鉴及参考的信息，协助策划进行需求范围、质量、效果的验收工作。策划作为需求的拥有者，并不一定具有全面的专业知识，因此依赖更专业的职能对于需求给出专业的评价意见，对于其效果、质量的把控可更加到位。辅助职能可以涵盖开发链的各个环节，如 UI、GUI 跑查，打入游戏美术效果跑查，UE、GAC 玩法跑查等。

在实际开发中，辅助性验收的使用可以配合项目当前阶段的具体需要来进行。举个例子，某项目在工作室内测后准备迭代 GUI 资源，此时项目基础系统、玩法已大体完成，GUI 的换皮工作需要快准稳，因此该项目加入了 GUI 跑查环节。GUI 根据确认的 UI 文档进行 GUI 制作，完成后经过 UI、责任策划验收无误后切图上传。程序根据 GUI 输出的效果图进行制作，开发完成后 GUI 需进行制作验收，此为第一层 GUI 跑查环节。验收通过后，界面通过测试并打入游戏，GUI 需对每周打入内容进行游戏内效果验证，并列出相应问题及改进意见，以供策划进行 Bug 修复及迭代工作，此为第二轮跑查环节，如图 5-3 所示。

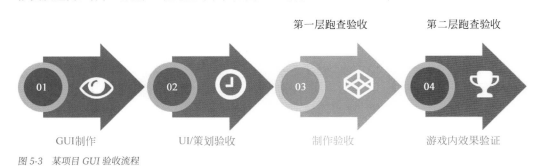

图 5-3　某项目 GUI 验收流程

5.2.2　不同项目阶段的不同验收方式实践

在实际工作中，鉴于项目的周期、背景、人力等特殊情况的因素不具有普适性，如表 5-2 所示着重探讨顺应产品开发阶段的不同，而产生的策划验收流程的演变。接下来给大家介绍一下不同项目阶段的不同验收方式实践。

表 5-2　项目各阶段常用验收方式实践

阶段	特性	验收目的	关键词	可使用验收方式
Demo 阶段	方向不确定性高，需要在该阶段内逐渐实现最小化的核心玩法、世界观、美术风格等基本要素	保证每个策划的输出都符合产品的大方向	主管指导性验收	策划拍砖会主管文档审核主管会半成品 / 成品审核阶段性成果展示
Alpha 阶段	方向逐渐确定，进行铺量开发，质量随版本完成度增长会出现变动	注重铺量制作和品质打磨，专注于每一个细节的设计	责任策划执行性验收	验收关单流程系统玩法跑查
测试阶段	质量不确定性高，需要通过不断验证及迭代，逐渐提升整体稳定性	通过外部测试反馈，对设计进行验证，对细节再次进行调整和迭代	职能部门执行性验收辅助性验收	UI/GUI 跑查UE/GAC 数值跑查美术跑查对外测试数据验证
稳定运营阶段	需求方向确定、质量趋于稳定	重视新系统、新玩法的设计，保证游戏整体平衡	简化流程指导性验收	策划文档审核大系统 Demo 演示主管会半成品 / 成品审核

/ Demo 阶段

在 Demo 阶段，项目核心目标是要确立核心玩法、完善核心体验，是一个项目创建初期，方向逐渐确立、认同度逐渐一致的过程。在这个阶段，策划验收流程的目的更加侧重于保证每个策划的输出都符合产品的大方向，需要尽量减少由于理解、认知不同造成的偏差，并且注重验收输出结果，对玩法和表现进行不断打磨和迭代。因此，在这个阶段，主管参与审核的重要度不言而喻，需要提高主管验收的频率，最常见的验收方式包含策划拍砖会、策划文档审核，主管会半成品、成品审核，阶段性成果演示（见图 5-4）。

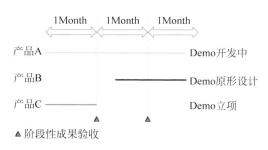

▲ 阶段性成果验收

图 5-4　项目集阶段性成果验收

以某事业部为例，Demo 阶段的产品要求每 1~2 个月邀请事业部主管层进行一次里程碑验收演示，邀请的人员包含事业部产品总监、工作室产品总监以及产品经理、程序总监、QA 总监、UX 总监、美术总监、营销总监、PM 总监等，对一定周期内产品的开发内容进行展示，通常由某一责任策划负责演示，PM 把控节奏，主管们根据演示的内容提出一定的改进意见，确保项目在 Demo 阶段方向明确不走偏。特别提醒一点，初次进行演示前需提前充分做好演示环境准备、测试机设备和测试账号的准备，避免由于准备不充分造成的演示流程中断。

/ Alpha 阶段

在立项后，项目已经确定了核心玩法，并正式进入 Alpha 开发阶段进行铺量制作和品质的打磨，项目整体的开发流程也会逐渐完善，通常可以引入策划验收关单流程作为最基础的执行验收方式。正如上文提到的，实际情况中多数时候是在 Alpha 阶段周版本流程中加入策划验收关单环节，但该环节有两种执行方式，一是测试后验收，另一种是测试前验收。测试后验收，就是当需求设计、开发、测试均完成后，进入到验收区域，由策划根据需求单的描述对提交的内容进行验收，确认需求是否满足或需要进行修复、迭代。而测试前验收，通常是在需求设计、开发完成后，就进入到验收区域，同样由策划进行上述验收，通过则进入测试区域进行测试，否则视情况打回需求重做或进行迭代修改。两种方法都有适用的场景和团队，根据团队特性的不同采取不一样的流程。测试后验收较为常见，可以做集中性验收、提高验收效率，测试前验收往往阻力更大，存在的 Bug 较多且容易形成瓶颈影响测试进度，但它明显的优势在于节约成本，减少了测试环节的浪费且可以更快解决问题。

在某项目实际工作案例中，Alpha 阶段的各个验收流程的使用方式如图 5-5 所示。在系统设计阶段，策划否决、产品经理审核两种指导性验收方式使用较为广泛，以保证需求符合产品方向。在系统开发阶段，测试前验收及测试后验收的使用因团队而异，也可两者配合使用，以确保策划需求可以在制作早期被验证，效果及质量也可以在制作完成后得到保证。主管会以每周一次的节奏通过主管会辅助方式进行半成品/成品验收，同时以每月一次的周期开展相似的阶段性成果演示，用以保证产品方向符合产品经理、事业部主管期望。

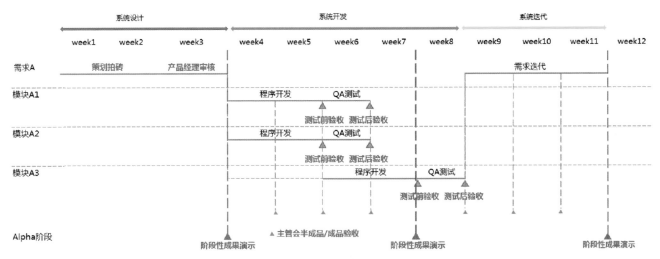

图 5-5　Alpha 阶段各验收方式实践

其实，这里就涉及策划验收成本的概念，它属于产品生命周期的质量成本的一部分，而质量成本通常可以划分为两类：一致性成本及非一致性成本。其中，一致性成本是指项目期间为了预防质量问题而花费的成本，例如，文档审核、测试前验收流程；非一致性成本就是指为了修正问题而花费的成本，例如 UE/GAC 跑查、阶段性验收、测试后验收关单流程。简单来说，预防胜于检查，防患于未然的代价小于纠正错误的代价。所以，在 Alpha 阶段引入策划验收关单流程时，需要根据项目的实际情况因地制宜，选取适用的流程。

/ 测试阶段

测试阶段是项目开发全流程里不可或缺的一部分，项目通常需要在这个阶段进行对外测试，来验证玩法和体验，对细节和稳定性进行逐渐改善。一旦进入了测试阶段，游戏面向了更多外部玩家，策划接触到五花八门的用户反馈，可能有玩法功能的吐槽，也可能细到一两个界面看着不顺眼，主角的动作不好看等等的，因此对细节进行调整迭代需要再次验证，而这个过程策划往往需要其他专业的同学一起参与进来，用更专业的角度去协助策划进行验收。

某项目在渠道测试后，接触到真实的玩家后项目组发现了很多数值向内容需要调整，然而在数值体验上，GAC 会更加敏感以及专业，于是就从测试阶段开始引入了 GAC 跑查流程。GAC 跑查的内容通常有两种，一是对新系统玩法的跑查，二是对现有内容的跑查。跑查的方式就是当新系统完成后，或是数值迭代完成后，组织 GAC 一起进行体验，并汇总体验过程中的问题，再将问题汇总整合成报告，反馈给策划。因此策划能够根据跑查的过程以及报告反馈的情况对需求、数值进行验收，确定该系统、玩法是否满足需求，数值是否符合预期，若为否定，则明确改进方向，提出迭代需求。

/ 稳定运营阶段

在游戏顺利通过多轮测试进入运营阶段后，开发与运营对于游戏则是并重的环节。新资料片内容等开发仍属于新内容开发，对于其指导性验收的意义仍然存在，所有迭代及新开发需求仍需策划进行不断地执行性验收。对于完成的新制作内容仍需要 UI/GUI/ 美术进行效果跑查，UE/GAC 进行数值跑查，在外放后也需要 UE/GAC 对外测试数据验证（见图 5-6）。因此，运营阶段其实是开发前期及开发后期策划验收方式的大整合，使用的验收方式根据项目情况可能会有明显的调整及不同（如更新频率高的游戏，会更注重开发内容验收；而部分逐渐衰落的游戏则会减少更新频率，相对应的验收也会随之减少）。在此阶段，如何权衡策划验收的强度则需要根据各个项目情况进行调整。

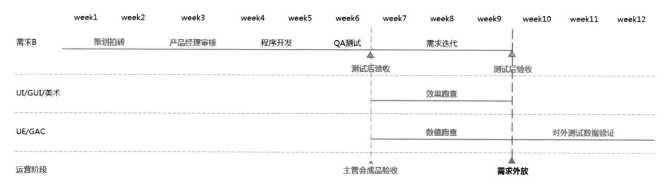

图 5-6　运营阶段各验收方式实践

5.3　过程质量监控

除了对最终产品品质监控外，需要对制作过程进行监控，这样才有可能保证最后的结果符合我们的预期，所以需要全流程管理。

5.3.1　执行过程监控－全流程管理

为何要加强对策划需求全流程的管理？策划处于生态链的最顶端，增强对策划需求的管理，形成适当的约束机制，可以提高产出的质量，对整个研发流程的益处很大，往往能取得事半功倍的效果。在大型开发团队中，PM 无法做到事无巨细，各个跟进。更加需要激发策划的主观能动性，使其变为项目管理的得力助手，成为整个流程的助推器（见图 5-7）。传统协作工具的使用大多数是在开发流程中，更多的是帮助程序和 QA 的工作开展。使用工具来管理策划需求，能够拓展工具的适用范围，进一步提高大家对工具的使用频率和认可度。

图 5-7　策划需求全流程作用示意图

举个例子，由于业务发展需要，C 项目组成为独立工作室，面临很大的变化和挑战。新组建的策划团队有 10 人左右，在 2 个月内迅速组成。运营转岗、社招策划、社招产品总监组成的多国部队，成员复杂、背景迥异，需要快速融合，统一标准。团队业绩压力很大，必须迅速创造成绩迅速证明自己，试错成本有限，要求策划团队每次输出的需求必须非常靠谱并且立竿见影。

在 C 工作室的长期实践中，形成了一套基于协作工具的策划需求全流程管理方法，覆盖了从需求产生到确认、需求变更记录和控制到工作量和上线效果评估的完整体系（见图 5-8）。在不同项目背景、不同开发阶段情况下可以有选择的搭配使用，具有较高的传播和借鉴价值。包括需求评审制度、文档提交规范以及品质效率监控。

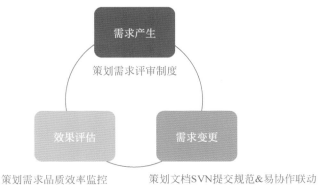

图 5-8　策划需求监控示意图

/ 需求评审

该项目的策划需求评审制度是一套完整策划需求评审流程体系。在策划需求评审制度中，每个策划需求都要经过特定的状态与阶段，来完成整个生命周期（见图 5-9）。首先完善策划需求，并准备好各种资料，在需求评审会上，经过评审且通过。确认优先级和排期，然后开发完成上线，最后要确认分析报告，总结和点评。

图 5-9　策划需求评审制度示意图

建立策划需求评审，对策划需求评审进行精细管理，第一，每个策划正在跟进和规划的需求都必须在协作工具上建单并指派给自己，需求类型分为三种：①需求草稿：是尚未形成具体方案的需求，不进入评审环节，作为 idea 记录，以便自己跟进或别人知晓。②策划提案：已经形成具体方案的需求，可以进入评审环节，但是不能提交开发，需进一步细化。③产品方案：已经形成具体方案并落实细节的需求，可以进入评审环节，通过后可以提交开发。第二，在这个工具中大家也可以看到别人在想什么、做什么，方便大家进行交流和沟通。

需求评审会前准备，每位策划在需求评审会前一天准备好需要进行评审的需求，并选择对应的评审日期（里程碑），各项工作都准备好以后，比如文档已经上传，资源已经准备，将单状态改为"待评审"，评审会组织者评估本次评审会需求的总数并进行调整，控制总量。

需求评审会现场节奏，根据评审列表，对每个待评审需求进行无领导小组讨论，每个人都可以随时提出自己的意见和建议，由组织者控制会议节奏并记录每个需求的评审结果。为保证会议效率和大家的专注度，单次需求评审会一般建议控制在 2 小时以内，或者中间进行茶歇。

需求评审会后跟进，评审完成以后，根据结果分别进行处理。如评审通过，将状态改为已评审通过，并根据会议纪要调整需求。如评审不通过，把目标版本改为未确定，待修改完善后再次提交评审，对评审通过且需求类型为"产品方案"的策划需求（其他类型需转化为产品方案进行评审后才能进入后续阶段），由产品总监完成需求确认和优先级调整，并将状态改为"同意进入开发阶段"，然后责任策划在开发子项目中提单开发，关联此评审需求，并进入正常开发流程。

实施结果统计，平均每周两次需求评审会，每次评审会平均时长 2.5 小时左右，每次评审会平均评审 4.5 个需求。每个需求在评审前平均准备时间为 3.8 天，每个需求平均经过 1.8 次评审进入开发周期。策划需求评审制度并没有降低需求输出的效率，C 工作室成立并实行策划需求评审制度以后，策划持续输出高质量需求。程序人员由 6 人增加到 12 人，代码提交次数则环比增加 300% 以上，开发工作量保持在比较饱和的状态。

由于策划需求评审制度在 C 工作室的成功施行，事业部负责人要求将此制度拓展到 D 项目组并作适当的优化。

所以建立策划需求评审制度，可以迅速凝聚团队，统一产品观念，通过评审制度，在短短时间内，由各方组建而成的策划团队迅速统一了工作方式和产品观念，凝聚成为了一个高质高效团队，并提升了专业性。通过评审制度形成适当的约束机制，增强策划对需求的自我管理，从而提高策划产出质量。达到质量与效率取得平衡。虽然可能会影响一些速度，但是对整个研发流程的益处很大，取得了事半功倍的效果。在策划需求评审制度的保证下，藏宝阁 C 产品团队依靠自身努力克服了内外部的各种困难，成功将商品成交金额、手续费、活跃用户数、买卖家数量等数据大幅提升，在短时间内大幅提升业绩。

/ 文档规范

早期确定规范以及确定监管手法可以有效进行过程质量监控。其中需求规范包括以下几部分，提单规范和文档规范。

（1）提单规范。明确单子分类，以易协作为例则是对跟踪标签有明确规定，对于不同产品会有不同的规范，不同的节点规范的严谨程度也不一样，建议找到合适自己的规范并且持续完善。以下只是一个参考的例子：

跟踪标签：【系统与功能】表示程序开发需求，包括迭代需求，【GUI】表示 GUI 绘制需求，【读表需求】表示策划已经填好的导表需求。另外确定易协作系统单子命名规范，如：

[客户端]/[服务器]/[资源]+ 系统名字 – 内容

策划文档完成后，附上文档链接，拖到策划完成状态。未分配单子，客户端单子 UI 指派给主 UI，客户端单子指派给客户端主程，服务端单子指派给主程。等待文档制作审核和分配制作人。（不需要单独建立 UI 单）。另外明确单子描述内容规范，如：

- 需要列明：需求 / 变动说明、文档链接；

- 如果是填表需求，则需要加上数值文档的地址以及修改的 id 范围；

- 如果有 UI 制作需求（标准即为表单中有 UI 跟进），则需要加上 UI 文档的地址链接。（由 UI 同学制作完成后添加）。

（2）文档规范。文档规范同样对于不同产品会有不同的规范。例如美术的发包文档，需要写明需求、资源规格、期望提交时间等关键因素。我们要对这些关键信息要考虑定义规范。至于如何规范，每个项目可以有自身的标准。对于文档规范，最好的办法就是提供模板和范本进行参考，比如，美术需求模板、美术需求范本、策划读表提单模板及说明。另外规定需求文档中的修改规范，例如：

● 在文档的修改列表中标注清本次修改的概要内容、修改日期和修改人员；

● 将本次需要实现的需求内容标红，同时将之前已经完成的标红需求内容重新置为黑色。

每次发生需求变更时，均需要及时更新策划（交互）文档。需求变更内容、文件、变更时间点、变更原因、操作人员都要求清晰可见。

/ 制作效率监控

在对需求的却准确性和文档的规范性做出保证后，我们就要监控开发过程的效率。这里可以通过纵向以及横向的对比观察团队制作的效率，目的在于消灭等待和提升效率。对重点可量化需求的美术、程序、QA 开发工作量进行精细量化统计（见图 5-10），为后续的投入产出比和质量情况分析做好铺垫工作，单个活动以 T 月度活动为例，T 月度活动是 C 产品中重要的活动内容，对玩家活跃度、产品营收等关键数据有非常重要的意义，T 月度活动也是策划文档 SVN 提交规范重点实施对象，通过监控可以观察到流程的效果，对月度参与开发活动的程序、QA、美术工作量进行精细量化统计并记录：

		服务端	客户端	前端	手机端	程序总工作量	QA	美术
娱乐X月活动	1,2阶段（4.8外放）	黄XX 15人天	莫XX 13人天 周XX 13人天	郑XX 7人天 林XX 7人天(专题页)	王XX 7.5人天	62.5人天	何XX6人天 （需求变更：我这边宝箱需求改动测试用了至少2天） 陈XX 5人天 谈XX 3人天	交互3D+移动端交互1D=4D 客户端页面6.5D（包含不断补充新的页面）- 专题3D+其余素材4D+推广广告1D=14.5D 动画礼物+坐骑=9D 还有部分小推广陆续补充 暂定为0.5D 总共人力29.5D 参与人数11人（后面还有活动后奖励设计 通常是壁纸 动画礼物 一般占用2-3人 4-5D人力）
	后续阶段（4.14&4.21外放）	黄XX 5人天	周XX 7人天	郑XX 6人天 林XX 3人天(专题页)	王XX 9人天	30人天	何XX 7人天 陈XX 8人天 谈XX 4人天	新增了插件后续阶段 增多15个阶段 所以娱乐活动又增加1D的时间
游戏X月活动	1,2阶段（4.6外放）	高XX 3人天 赵XX 7人天	郭XX 6人天 邓XX 0.1人天	关XX 5人天	钟XX 7天	28人天	丁XX 5人天 欧XX 3人天	4月份游戏活动人力 交互3.5D 移动端交互策划自己完成 交互帮忙修正0.2D 美术人力PC5.5D+移动端1.5D
	后续阶段（4.14外放）	赵XX 5人天	郭XX的包含在上面了	关XX 4人天	钟XX 5天	14人天	王XX 4人天 欧XX 2人天	动画人力2D PC+移动端 人力12.7D 参与人数4人

图 5-10　各职能工作量统计

（1）此项数据统计是为了评估月度活动开发中，各职能的投入产出比（程序、美术、QA），为后续不断优化活动方案，提高开发效率提供数据支撑；

（2）各职能的投入产出比不建议进行横向对比，需更多关注每月数据的环比变化，而且需要结合其他数据一并分析；

（3）由于每次具体参与活动的技术人员可能有变化，而且每个人的技术水平不尽相同，会对结果有一定影响，但是累积一定月份数据以后的平均数值将淡化此项影响，累计多月以后的数据更具参考价值；

（4）其他一些因素，比如假期、突发事件、DAU 大幅波动等情况，将在"特殊情况备注"一栏特别说明；

（5）此项统计持续进行，在数据在累积一定月份以后，输出的结果会更具参考价值。

　　而对于以周为单位，我们可以纵向看数据的趋势，也可以横向对比不同成员的效率，以指导工作。例如观察周版本单量完成情况，以及 Bug 数。如图 5-11 和图 5-12 所示。

历史维护数据

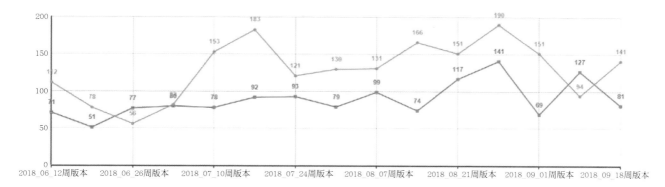

历史Bug数据

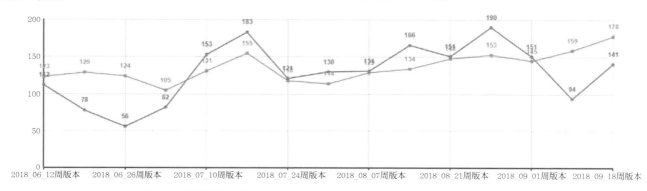

图 5-11　周版本数据示意图

【工作量统计】

表单类型	表单总量
[开发需求]需求总量	63
[开发需求]缺陷bug总数	78
[在线更新]维护（在线）更新总数	13

【在线更新类型统计】

更新类型	更新数量
客户端Bug	2
策划需求	2
服务端Bug	9

【本周程序工作量统计】

姓名	本周关闭需求单数量	本周关闭bug单数量
W	5	3
J	8	0
L	2	3
Y	9	5
L	6	5
Q	7	2
Y	8	4
W	4	6
Z	5	10
P	5	1
W	4	1
L	9	3
Y	3	0
SUM	78	43

图 5-12　周版本数据示意图

　　横向对比不同程序成员的产出，提供数据给主程作为参考。

　　通过策划需求品质效率监控各环节的控制，在需求变更、资源投入、实际效益和创新亮点等各方面使得需求取得比较好的平衡，是保证项目（特别是运营期项目）持久发展的关键。

　　另外对需求各方面的效率进行细致分析，也能从侧面总结出需求的不足和可改进之处，为进一步优化需求方案、提高复用率、优化创新点提供有力的数据支撑。

总之，策划需求品质效率监控贯彻了项目管理的中过程质量管理的理念，每个行业的质量标准其实是由用户来定义的，即在一个可产生显著效率的成本水平上，产品或者服务可以满足或超过用户的需求和期望。另外从项目管理的角度来说，我们追求的质量往往是过程的质量而不仅仅是结果的质量，策划需求品质效率监控恰恰是对过程质量的各方面进行了全方位监控，从而达成了全流程质量管理的目标。

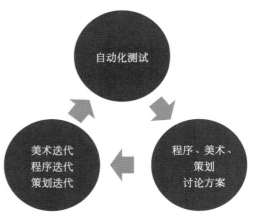

图 5-13　性能测试指导示意图

5.3.2　持续性能优化

除了对需求进行关注，还有一部分内容对于产品来说也是至关重要的，就是产品的性能。我们日常会遇到的周版本打包和性能优化中常见问题，比如：平时功能性测试在 PC 端，而周版本打包回归在手机上测试，常常因为手机端打包失败或者闪退，团队周版本回家很晚；整个测试过程人工干预多，测试效率低，重复性工作高；项目越到后期，回归测试消耗 QA 人力资源越来越大；性能测试在平时被忽略，拖到最后来优化性能空间小，成本大，改动容易出错，性能优化结果对应多个不同的版本，用 Excel 生成的报告，在跟进过程中容易混乱。

所以 PM 需要定义自动化测试工具的开发需求和设计测试方案，推进工具开发进度，针对重复性高的功能测试、回归测试以及一些涉及引擎的修改或性能的测试等使用自动化测试，对于可复用性较差的内容，或者容易不停改动的内容，不建议开发自动化工具。可利用测试结果指导策划，程序，美术做持续性能优化，建立合适的流程达到快速反馈、快速推进的目的。特别产品临近测试或者上线前，要做好压测以及已经回归测试（见图 5-13）。

/ 自动化一键测试方案

在工具层面，建立自动化测试系统实现一键打包、一键测试、一键生成报告。将版本日打包失败的风险分解到每天的回归测试中，降低失败的风险，提高周版本早下班的概率，从每周三晚上打包变成每天甚至每小时打包测试。减少 QA 人力测试成本，把人从部分枯燥的重复性劳动里释放出来，从原来需要单人每天半天的工作时间减少到只要敲命令分析测试结果。减少人工干预，从原来打包、等打包结果、安装包、拔线、插线、输入命令执行测试脚本或者人工跑变成了现在的自动化执行，也很好地利用了下班的空闲资源来提高测试效率。通过建立自动化测试框架，调整测试脚本可以将测试内容做扩展，把普通的回归测试变成有针对性的性能测试和稳定性测试。快速的自动化测试反馈，多方顺畅的沟通和快速迭代是推进的关键。

利用测试结果指导策划，程序，美术做持续性能优化。

例如，某项目发现在安卓手机上卡顿，在苹果机上有闪退情况。接下来他们打算进一步详细确定原因。首先，进行性能测试，对美术场景面数、DP 进行自动化跑查，确定美术资源性能优化方案。通过持续多副本连续测试，监测 iOS 内存泄露问题从而防止 iOS 闪退。扩展测试脚本给系统复杂的压力测试场景，看游戏在极限情况下是否会崩溃。直观监控包体大小，优化包体（见图 5-14）。PM 确定出下一步产品优化的计划如图 5-15。

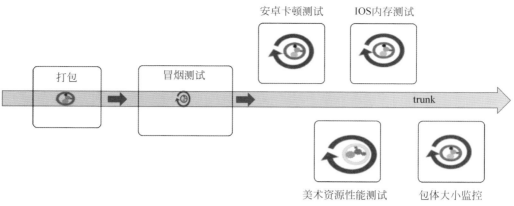

图 5-14   自动化一键测试示意图

图 5-15   性能优化计划示意图

通过测试数据沟通的方式配合自动化工具使得信息更加透明，反馈更加敏捷。团队目标清晰，沟通顺畅，整体工作推进迅速，提高团队积极性。

5.3.3 checklist 监控

通过 checklist 整理当前阶段需要 PM 跟进确认的事项，可能不是由 PM 负责，但是 PM 需要推进。PM 经常去推动一些事情，观察别人在负责的事情是否完成，比如类似工具环境准备这种。观察当前产品涉及该事项是否有风险，并且填下上去，定期检查。这个就是 checklist 监控。

问及 checklist 的来源，可能是日常个人的积累，也可以是组织的智慧。在 KM 上有每个阶段 PM 所需要的 checklist。部门每个月也会组织轻型评审，由评委会发出评审材料，需要各阶段 checklist 的负责同学针对评审反馈，进行必要的 checklist 迭代工作。除了关于开发本身的事宜，还有涉及对应阶段各个职能部门和支持部门的接洽和准备（参见图 5-16）。这个会让我们更加全面去把控项目，提前规避风险。

项目管理部轻型评审

产品Checklist

序号	分类	事项	是否按计划进行	负责人	具体执行情况	有否风险	风险说明
1	启动	组建开发团队	√	制作人（具体姓名）	产品方面：策划：3　　程序：4 QA：2　　UI：　　GUI：	N	
2	规划	DM制作范围	×	主策（具体姓名）	核心玩法1个：　单人PVE闯关4关 战斗　4场 系统：培养系统，射击系统...	Y	DM制作按照3D成熟团队开发效率制定，团队缺乏3D游戏制作经验，范围太大，有延期风险；
3	规划	DM开发计划	√	PM（具体姓名）	1、开发里程碑？ 2、开发节奏？（周版本、日版本...） 3、美术资源制作方式？（替代or制作）	N	
4	启动	工具环境准备	√	主程（具体姓名） 主QA（具体姓名） 主美（具体姓名）	引擎：Missiah 2.0 场景编辑器：　　美术编辑器： QA检测工具：	N	
5	启动	产品启动会议	√	PM（具体姓名） 制作人（具体姓名）	kick-off meeting a. 项目团队成员互相认识； b. 介绍项目背景及计划，正式批准综合性项目管理计划，并在干系人之间达成共识； c. 落实具体项目工作，明确个人和团队职责范围，获得团队成员承诺，为进入项目执行阶段做准备	N	
6	监控	DM评审包	√	PM（具体姓名）	本月15日前打出最终包，供SDC、UE体验评审	N	
7	监控	DM评审材料准备	√	制作人（具体姓名）	PPT 演示游戏、视频 产品里程碑计划...	N	

图 5-16　Demo 期 Checklist 示意图

同时，QA 部门每月也需要填写质量标准，也是 checklist 的体现，PM 同样可以借助其他部门的积累进行监控，完成过程质量管理。

5.4　总结

本章主要是 PM 在质量管理的入门指引。首先需要理解测试业务，了解 QA 在质量管理中承担的责任，PM 应该在日常工作中保持与 QA 紧密的合作。

同时，了解质量管理，包括结果质量监控以及过程质量监控。强化验收机制，文章中提供 3 种不同的验收方式，包括，指导性验收方式、执行性验收方式以及辅助性验收方式。不同项目阶段的不同验收方式实践，涵盖 Demo、Alpha、测试、稳定运营阶段。过程质量监控提供三个思路，一个是执行过程监控，通过全流程管理实现。另外持续性能优化，自动化一键测试，利用测试结果指导策划，程序，美术工作，最后通过 Checklist 监控查缺补漏。

但是也要理解，质量管理能尽可能规避风险，但是不能百分之一百避免。所以 PM 同样要关注补救的办法，例如热更流程和权限管理，本书就不详细阐释。

06 君子剑——沟通管理
Communication Management

6.1 前章：沟通方法

6.1.1 理性与感性的沟通维度

从小婴儿到成年人，从生活到工作，沟通无处不在，在职场路上，如果要从个人贡献者到团队协作者再到团队领导者，沟通必不可缺，而且沟通已渐渐成为直接决定职业发展的核心能力之一。

沟通包含三项内容：

1. 沟通是信息和思想的交换；

2. 沟通行为具有目的性；

3. 沟通过程伴随相互理解。

按照以上 3 个内容可见，沟通重点是达成沟通的目标，平衡好效率和沟通中相互的关系。沟通包括两个维度：理性的沟通和感性的沟通，如图 6-1 所示。理性的沟通是效率，感性的沟通是艺术。

两者相辅相成，艺术促进效率，效率带来艺术，二者缺一不可，而且要掌握之间的平衡，完全对事不对人，完全对人不对事都不好，最好的评价是：某某同学很专业，而且人很好。

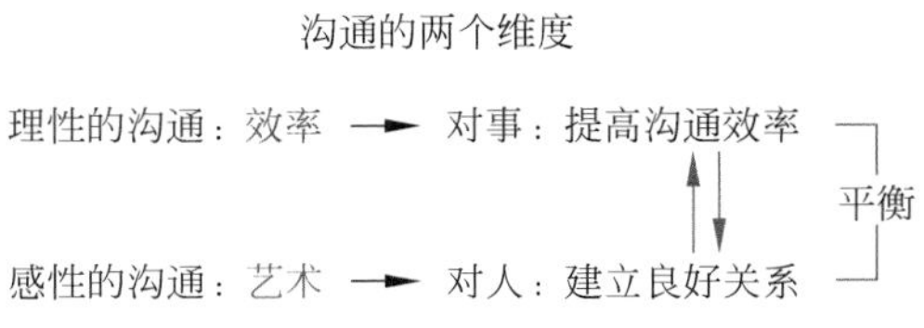

沟通的两个维度

理性的沟通：效率 ——► 对事：提高沟通效率
                                            平衡
感性的沟通：艺术 ——► 对人：建立良好关系

图 6-1　理性及感性的沟通

6.1.2 沟通方式

/ 提升效率的理性沟通

1. 明确目标

● 明确沟通目标的可选方法是 SMART 沟通原则。

只需要记住一句话：和对方沟通一个事情，要告诉对方为什么这么做（目标／目的是什么），做到什么程度才算好，什么时间节点需要完成。

2. 应用工具

沟通工具（途径）非常多，邮件、泡泡、电话、面对面、易协作……相信大家能够较为准确判断何时何处该用何种工具。

这里给大家举个例，比如你要说一件非常紧急的事情，你会选择邮件吗？答案是否定的，也许 POPO 都不一定可行，甚至要直接面对面找对方。邮件是延时响应的，处理不着急的事情，或者要留下"凭据"的事情也可以邮件。

3. 学习技能

● 技能一：用金字塔原理进行信息整合

理论支持：《金字塔原理》（芭芭拉·明托）中的结构化思考和表达，其实就是从很绕的表达状态，变成直接说出重点。它的结构如下：

（1）结论先行：一次表达，一个思想

（2）以上统下：上层思想，概括下层

（3）归类分组：每组思想，相同类型

（4）逻辑清晰：每组思想，逻辑排列

案例实践：PM 用"金字塔原理"进行会议邀请。

◆ **案例 6-1**

原定今天下午 5 点要开一个周会，你突然收到会议组织者 PM 小 A 的 POPO 信息：

"苹果刚留言说他有事 5 点不能参加会议，香蕉说他不介意晚一点开会，把会放到明天开也可以，但 10:30 以前不行，可乐说他明天上午请假了，要下午才能回来，而且明天的会议室订满了，但下周一还没有人预定，所以会议时间改到下周一早上 11:00 了。"

这段 POPO 信息逻辑混乱，沟通内容不清晰，效率低。我们用金字塔原理来重新梳理一下。（1）先说结果（2）将原因分为几类（3）总结归类几大原因（4）按重要顺序优先表达这几个原因。

按照以上步骤整理完之后，我们看下图 6-2 金字塔结构下的沟通如下：

PM 小 A 的 POPO 通知：今天下午 5 点的会议改到下周一 11 点比较合适，因为参会人员都能参加，并且下周一的会议室能预定。若对方进行深入询问的话，再回答：参会人员的具体时间是，苹果今天下午 5 点有事不能参加会议；香蕉不介意晚一点；可乐明天上午请假，下午回来。综合大家时间和会议室时间调整为下周一 11 点开会。一般的沟通情景下，前一段的沟通已经足够了。

金字塔结构

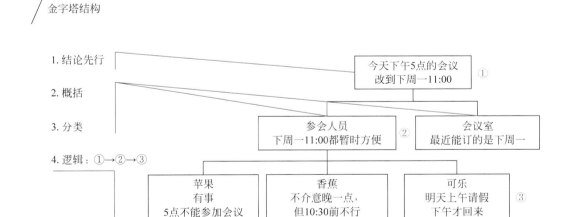

图 6-2　金字塔结构案例的沟通

总结：

像"金字塔结构"这样进行沟通和思考，可能可以用最短的时间将问题思考和表达清楚，并且可以根据沟通的需要，将内容清晰表达，只是深入程度或细节不一样罢了。（如5秒钟就只讲结论，30秒钟可以讲到第二层，以此类推）。尤其向上级汇报的时候，如果上级不需要知道背后那么复杂的情况，那么我们沟通之后只提供结果就可以了。

国内很流行的逻辑是"因为……所以……"，是原因先行，但应用到工作中要倒过来，不要一下子就直达细节，先稍微概括一下，有必要再展开。

● 技能一：附加价值——用"金字塔原理"理解对方背后隐藏的意思

理论支持：理解对方背后隐藏的意思的沟通步骤如下。

（1）先向上总结一层，有可能上面那层才是对方的隐藏意思；
（2）再水平思考，提出更多的解决方案（创新的一种方法）；
（3）用金字塔原理清晰思考，迅速归纳零散信息，向上总结归纳，找到问题重点，直击要点。

案例实践：PM用"理解背后隐藏的意思"进行需求分析（拆分）& 问题解决：

◆ **案例 6-2**

一个美术PM小A，收到策划提出一个需求：某某手游，我要角色面数1万，同屏100v100玩家。美术PM分析这个需求非常有难度，那么，这个策划他的潜在需求是什么呢？

此部分需要具有一定程度的专业度，但是目前市面上的手游是没有同时实现角色面数1万，同屏100v100玩家，手机还可以体验流畅的。于是，一般的反应是：这是在逗我？！或者，策划又在纸上谈兵了？！

但是，其实我们可以问自己三个问题：为什么要做这个事情？ 想做这个事情的目的是什么？ 有没有什么替代方案？于是，我们看下图6-3的思考路径：

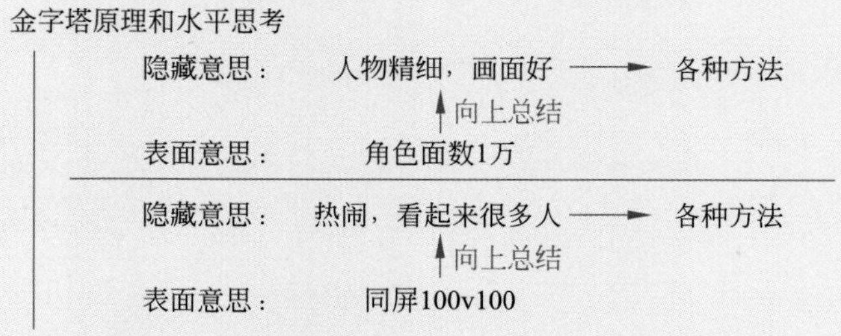

图 6-3　技能一附加价值举例的解决方案

这个策划需要：（1）实现角色面数1万；（2）同屏100v100玩家；

第一条表面意思是实现角色面数1万，向上思考他的隐藏意思是人物精细，画面好，在这个思路下可以有各种方法：比如提高模型精细度等，并不一定要用角色面数1万来解决；

第二条表面意思是同屏 100v100 玩家，向上思考他的隐藏意思是需要游戏热闹，看起来很多人，在这个思路下也可以找到各种方法，并不一定要用同屏 100v100 玩家来解决，同屏 20v20 也可以做到"看起来很多人"的效果。

处理结果：通过理解背后隐藏的意思，进行需求分析，把看起来非常有难度或者不可能完成的需求完成，或者解决难题。

● 技能二：进行更有逻辑的沟通

理论支持：《金字塔原理》主要说明了沟通的结构，光了解结构还不够，还需要了解怎么样更有逻辑地进行沟通。一般来说表达的逻辑可以分为以下 5 种：

（1）时间逻辑：步骤、阶段、日程表、甘特图等，以时间先后顺序表达（如图 6-4 所示）。

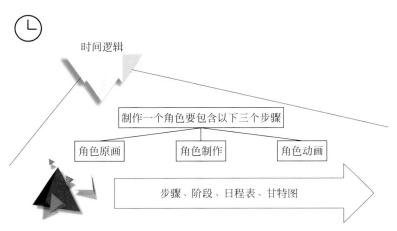

图 6-4　沟通逻辑 1：时间逻辑

（2）空间逻辑：不同地点、不同部门；从上到下、从外到内、从整体到局部（如图 6-5 所示）。

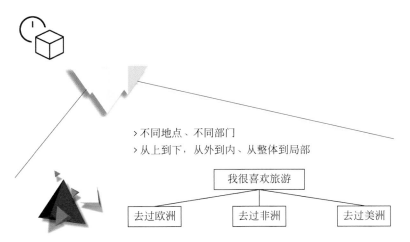

图 6-5　沟通逻辑 2：空间逻辑

（3）三角逻辑：即用三个方面来进行表达（如图6-6所示）。

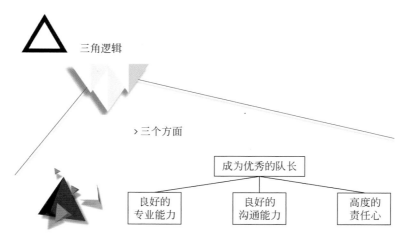

图 6-6　沟通逻辑 3：三角逻辑

（4）2W1H 逻辑：What- 发现问题，Why- 分析问题，How- 解决问题；先说结论，发现问题，然后分析问题，为什么，最后得出解决方案（如图6-7所示）。

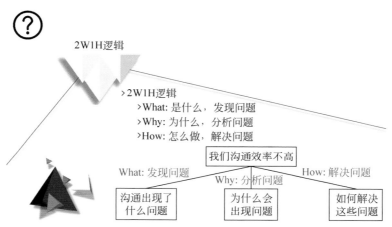

图 6-7　沟通逻辑 4：2W1H 逻辑

（5）重要性逻辑：重要的、关键的先说，次要的、其他的后说（如图6-8所示）。

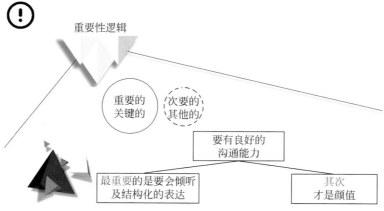

图 6-8　沟通逻辑 3：重要性逻辑

在工作中，需要根据不同场合、不同情境进行沟通逻辑切换。一般在汇报中应用比较多的是重要性逻辑。

案例实践：PM 常用"5 种逻辑"进行沟通情景：

◆ 案例 6-3

比如周会汇报问题的时候，可以按照问题重要性进行汇报：

XX 项目目前有 3 个项目问题，其中，A 问题最重要，A 问题是团队沟通效率不高；其次是 B 问题，B 问题是制作角色进度压力大；最后是 C 问题，C 问题是策划香蕉的产出效率降低，积极性不高。（重要性逻辑）

其中，团队沟通效率不高这个问题分析如下：在日常开发中，沟通出现了 XXX 问题，出现 XXX 问题的原因是 XXX，建议团队通过 XXXX 方案来解决这些问题（2W1H）

第二个，团队制作角色进度压力大，一般制作角色的流程是：角色原画，角色制作，角色动画，这三个环节有先后时间顺序，目前角色原画成员非常少，导致角色开发速度较慢，建议 XXXX 来解决这个问题。（时间逻辑 +2W1H）

第三个，策划香蕉的产出效率低，主要有 3 方面原因：第 1，近期身体不太好，请假较多；第 2，方案变更次数较多，产出不稳定；第 3，刚刚进入新的项目组，需要一段时间熟悉新环境。建议 XXXXX 来解决这个问题。（三角逻辑 +2W1H）

这个案例中，整体使用了"金字塔"结构沟通，并且用了 4 种沟通逻辑。而空间逻辑的话，相对较为简单，比如有某 PM 同学工作压力较大，因为他的办公地点较多，有侨鑫、珠江城、网易大厦（空间逻辑）。在实际工作中，可以灵活运用这 5 种常用的沟通逻辑来让自己的沟通更加高效。

通常在开会协作下主要用"重要性逻辑"进行沟通，在阐述问题的时候主要用"2W1H"方式进行沟通。具体还是需要经常使用，融会贯通。

● 技能三：MECE 原则（米西原则）

理论支持：MECE，是 Mutually Exclusive Collectively Exhaustive 缩写，中文意思是"相互独立，完全穷尽"。也就是对于一个重大的议题，能够做到不重叠、不遗漏的分类，而且能够借此有效把握问题的核心，并成为有效解决问题的方法。

此原则也可以让你将所有可能性都表达出来，使你的思考更加清晰全面，沟通更加完整，有逻辑。

所谓的不遗漏、不重叠指在将某个整体（不论是客观存在的还是概念性的整体）划分为不同的部分时，必须保证划分后的各部分符合以下要求：

（1）各部分之间相互独立（Mutually Exclusive）

（2）所有部分完全穷尽（Collectively Exhaustive）

此原则可以用 6 个字来概括：不重复、不遗漏。

案例实践：PM 常用 MECE 进行沟通情景：

◆ **案例 6-4**

举一个美术 PM 工作中的例子，如何提高美术质量与效率，通过米西原则的使用，我们得到全面的思考如图 6-9：

用米西原则进行沟通主要是为了不重复、不遗漏，以及进行全面的思考。避免看问题过于片面和简单。（备注：工作室是指：工作室美术）

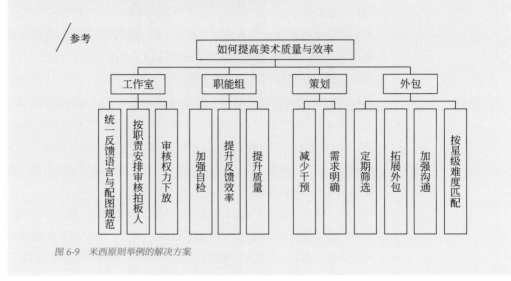

图 6-9　米西原则举例的解决方案

总结：应用 MECE 的时候，要考虑每一层是否是同一水平的，是否存在相互包含的关系，是否还有其他没想到的可能性。

用 MECE 可以让你的思考更全面，沟通效率更高，沟通更靠谱。

/ 注重关系的感性沟通

1. 评价反馈

● 负面反馈

理论支持：在进行负面反馈时，需要将你的结论美化，既能准确的反馈我们的意思，又能让对方舒服的去完成我们的要求，推荐以下让别人容易接受批评死心塌地地为我们干活的六大 buff，如图 6-10 所示：

（1）确定目标：SMART 原则；

（2）柔化语言：加入表情、波浪符号 ~~、拟声词等；多用礼貌用语，以示尊重；

（3）表达感恩：多说谢谢 ~ 再多都不嫌多；

（4）模糊评价：比如说将"丑"换成"不是很好看、好像不是很好看，好像有点不是很好看"（加入很、太、有点、似乎、好像）；

（5）三明治反馈："你这个事情做得还不错，但是……"（转折太明显，不太建议常用）；

不评价直接反馈：不给评价，直接给详细的反馈意见，就不存在转折的意思了。

① 确定目标	② 柔化语言	③ 表达感恩
④ 模糊评价	⑤ 三明治反馈	⑥ 不评价 直接反馈

图 6-10　负面反馈的 6 大 buff

案例实践：用 6 大 buff 进行沟通情景：

◆ **案例 6-5**

举一个日常工作的例子，想象这样的场景：

泡泡的图标开始闪烁，一个产品 PM 刚不久前给老大发送了自己最新修改好的计划表，他的内心有点小激动，因为自己感觉还比较满意，之前被反馈的修改意见他认为都改好了，自己还在一些细节的地方精益求精了一下，盼望着老大的认可但他心里面又有一丝的小忐忑，老大会不会不满意呢？他抬起略微颤抖的手指，鼓起勇气，打开了泡泡对话框……

"不对，重做"，映入眼帘就只有这 4 个字，像霜一样，冰冷的刺进他的胸口，心中一阵剧痛，感觉世界都快要崩塌了。

这样的沟通非常"高效"，直接说结论，但事实大家都明白，这样的结论先行会伤害到我们和对方的合作关系。沟通是为了更有效率，但也需要考虑对方的感受，适合的沟通方式让双方都舒服，从而建立良好的合作关系。

我们用上一般反馈的 6 大 buff 来看下上面场景的沟通，我们换个方式：

产品 *PM:* Hi 苹果，这是我按照你的要求做的修改，其中包括整体的结构调整，句式调整，还有一些细节都做了相应的调整。

老大：Hi，橘子～，你的计划表我收到啦～总体还可以啦，不过我感觉还是有点不是很理想（易读）啦，以下这里这里，还有这里，还有这里都需要这样，这样改一改呢，辛苦你啦～最好能在下周五前给我哈～感谢感谢【表情】【表情】

产品 *PM:* 好的，我回去尽快改一下。

老大：感谢你哦～辛苦你哦～棒棒哒～23333333【表情】

以上方式的反馈除了用了柔化语言和表示感恩之外，我们还使用了确定目标、模糊评价。虽然降低了沟通效率，增加了沟通往返的次数，但是美术同学感受到了温暖，老大也照顾了美术同学的感受，老大和美术建立了良好的关系。

● 正面反馈

理论支持：正面反馈有以下 3 要素：

（1）具体化：描述行为，再说评价，越具体越好（举例子）；

（2）指出细节或进步：背后的原理是每个人都渴望被关注和重视；

（3）高级技巧：逐渐增加赞美；背后的原理是有意识地管理对方的期望。

案例实践：用正面反馈进行沟通情景：

依旧用上回产品 PM 和老大的例子，看以下场景：

泡泡的图标开始闪烁，自己刚不久前给老大发送了他最新修改好的计划表，他的内心有点小激动，因为自己感觉还比较满意，之前被反馈的修改意见他认为都改好了，自己还在一些细节的地方精益求精了一下，盼望着老大的认可但他心里面又有一丝的小忐忑，老大会不会不满意呢？老大的要求一向都挺高的……他抬起略微颤抖的手指，鼓起勇气，打开了泡泡对话框……

老大："收到，还不错。"

我们想象一下他的心情。"收到，还不错"是一个正面反馈了，但是总觉得少了点什么？

我们看下换下正面反馈的形式：老大："Hi，橘子～收到你的计划表啦～这次修改得还不错呢，你的效率和质量可是越来越高了呢～这里，这里，还有这里都按照我们的要求改了，还有一些细节部分也能看出你的追求呢，不错不错哈～辛苦你啦～【表情】【表情】"

沉浸在幸福中的橘子："谢谢，我会继续努力做得更好的！有任何要求随时向我反馈哈～【表情】【表情】"

此次反馈中有具体的正面反馈，也指出了细节或进步，若此次的细节追求正是橘子心里希望老大看到的，则是更加分的正面反馈。

如果是面对面反馈，就要真诚，由内而外。

● 同理心及积极反馈

理论支持：同理心有四大特性：

（1）接受观点：接受他人观点的能力，或是认同他们的观点；

（2）不加评论：这对大多数人来说非常难；

（3）看出他人的情绪，并尝试与他交流；

（4）与他人一起感受。

每个人都渴望被关注和重视，我们在沟通的时候，可以有意识地去管理期望，用同理心建立与对方的良好关系。另外，同理心重要的一点是可以在沟通中让你进行换位思考。

积极反馈的前提是积极聆听，才能达成共识，给人的感觉才专业、靠谱。聆听不只是听到，重要的是理解、思考、总结、复述，然后沟通并达成共识。老大布置一项任务，如果你只回复一个"1"，难免让老大担心你是否真的理解了他的意思。积极反馈代表你至少可以重复一下老大的要求，与他确认一下完成时间等。

案例实践：用同理心和积极反馈进行沟通情景：

◆ **案例 6-6**

举例：失恋的时候

男生：走，喝酒去

女生：来，一起哭

并且在心情低谷的时候可以说一句：【我知道你很难受 / 这很困难 / 这确实不容易，你并不孤单】，并积极聆听伙伴的声音。

同理心很少以"至少"来开头，当你（团队同学）发生一件不如意的事情时，你希望得到的不是【回应】，而是【联结】，你希望对方能够感受你的感受，不需要你回答对方，而是表示理解就足够了。一个拥抱也许比一个回复更让人舒服。

2. 说服力培养

● 说服力基本法则：遵循 FAB 原则

理论支持：在日常工作中，PM 可能会面临说服别人的情况。而在说服过程中，经常会只说明功能和优势，其实对方更关注的是对他有什么好处，也就是说，说服需要遵循 FAB 原则：

（1）Feature（功能）；

（2）Advantage（优势）；

（3）Benefit（益处）。

案例实践：

◆ **案例 6-7**

举例：一个产品 PM 面临一个困难：说服产品经理将测试时间延期。

FAB 原则：

（1）功能：说明"测试时间延期"，说明他的合理属性：通过人力，质量等方面评估测试时间由 X 月 X 日延期到 X 月 X 日；

（2）优势：这次延期可以对外测质量有较大的提高（数据支持）；

（3）益处：产品品质更高，测试风险低等（产品层对产品经理来说的益处）。

● 说服力进阶法则：卖我讲你

理论支持：卖我讲你——先问对方，让对方说出理由，让他渐渐让他觉得你是对的。不要说"我认为这样比较好"而要说"你是不是觉得这样比较好"，这样可以引发对方的思考，让你们站在同一阵营，解决问题。

用问题引起对方的思考，而不只是阐述自己的观点，和对方站在同一立场去探讨，而不是对立（如图 6-11 所示）。

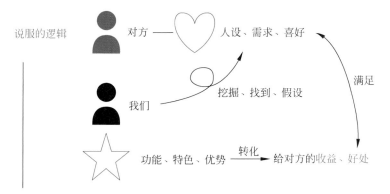

图 6-11 卖我讲你的说服逻辑

案例实践：

老大提出一个事情想要推动（将所有项目转成暴漫风格），你清楚知道不可行，如何向老大提出建议呢？

◆ **案例6-8**

沟通一：

橘子：老大，我认为这个事情不靠谱啊。（结论先行）

原因如下：1，2，3（FAB原则）

所以我认为这个事情不靠谱……

所以我建议a，b，c

老大：你说的道理我都明白，我们什么时候开始转暴漫风格？

老大会认为跟你是处于对立方，他可能还是会坚持。

沟通二：

橘子：老大，我们为什么要转暴漫风格呢？

老大：这个嘛，是因为1，2，3……

橘子：哦～原来老大你是这么考虑的，那你刚才说的第一点，是不是因为这个，这个，还有这个原因呢？

老大：嗯嗯，也不完全是，其实是因为那个，那个，还有那个原因……

橘子：明白了，那你认为，有没有这种可能，我们可以这样，这样，这样做（FAB原则）呢？你？？？

老大：哦？这个我倒没想过，我回去再看看……

这样，你们沟通解决的问题是【转暴漫风格这件事究竟可不可行？】。

需要注意的一个点："你是不是觉得这样比较好"这句话一定要用在关键moment，如果一直用，就变成套路了，而且也让人觉得很奇怪。用提问的方式说服对方，也一定要把握提问的"度"。结果是要让对方觉得最后这个结论是他自己提出、想到的观点，而不是你强加的，不能让对方觉得自己犯了低级错误、承认自己的结论是错误的。

/ 沟通理论总结

理性沟通及感性沟通的总结如图6-12：

/ 总结

沟通的效率&艺术

沟通的效率：
- SMART原则明确沟通目标
- 结构化思考和表达：结论先行、概括分类、逻辑、米西原则
- 向上总结、水平思考，理解隐藏意思/需求

沟通的艺术
- 沟通反馈：6大Buff，同理心，具体化
- 说明：FAB，我!!!vs你???

图6-12　理性及感性沟通的小结

6.2   后章：沟通实践

/ 用目标沟通建立项目沟通机制

项目当中处处离不开沟通。在项目立项之初，项目启动会、项目例会（站会）、项目成员开始使用易协作等，这些都是项目中的沟通。

在项目中，制定沟通机制的目标是：把一个组织中的成员联系在一起，达成共同目标的沟通。那么，我们首先要分析项目组织中的成员，成员不能少，少了成员会造成信息遗漏。成员也不要多，多了成员会对信息有一定程度的干扰和失真。接着，我们找到项目阶段需要达到的目标。最后，我们根据目标的优先级/重要程度等，选择适当的沟通机制，并对具体的目标/机制进行制定和优化。

/ Demo 期沟通实践

1. 画出组织中的成员图，如图 6-13 所示。

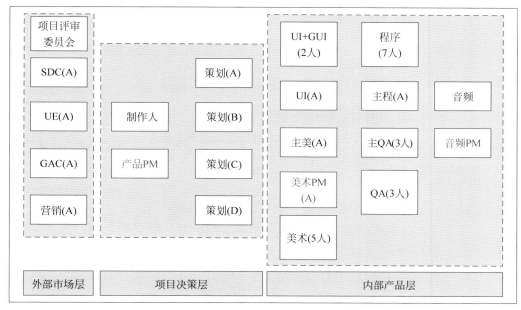

图 6-13   Demo 期某项目团队组织成员图

在 Demo 期，容易忽略外部市场的成员，包括营销、UE、SDC、GAC、评审委员会成员。但是，这部分成员也是 Demo 期需要进行沟通管理的，甚至，这部分成员的输出及建议，在 Demo 期，对项目是非常大的帮助和作用。Demo 期的沟通机制建立中，不能缺少外部市场层的成员。

2. 确认 Demo 阶段重点要达到的目标。

以 Demo 评审的输出要求为目标：手机包体中包含整个游戏最核心的玩法展示（包体中包含美术、音频资源等）；美术资源标杆（包括角色、场景、动作、特效等）；UI 资源标杆（包括 UI 风格及 GUI 风格）；游戏基本框架确认（包括系统框架、数值框架等）。从前到后，按照目标及品质优先级排序。即玩法展示的品质优先级高于标杆，标杆高于基本框架等。

3. 根据成员图及目标，确认 Demo 期的沟通机制。

此阶段需要各个开发同学紧密的沟通，目标是将 Demo 玩法需求确认之后，并保质保量的制作出来。由于在 Demo 期，需求喷涌式爆发，且需求不确定，易进行大量的需求变更及需求迭代，且需求也需要开发验证快速迭代，在 Demo 期，建议可以推行以下主要 3 个会议制度及 3 个协作流程。（具体的会议及协作流程见附录）

第一个会议制度——快速输出需求：每周 N 次的策划设计主题会议。

第二个会议制度——快速需求响应 / 需求变更：每周 N 次的用物理白板代替文档的需求功能站会。

第三个会议制度——快速需求验证：每周 N 次的功能验收会议。

第一个协作流程——开发协作：用易协作工具进行周打包开发流程。

第二个协作流程——辅助开发协作：泡泡群沟通流程。

第三个验收流程——辅助验收协作：定期与 UE、GAC、营销、评审委员会成员沟通，此部分同学应产品需求输出 UE、GAC、SDC 等报告或建议。

以上 3 个会议好处是快速确认目标（文档目标、开发目标、验收目标），缺点是较为敏捷，组织资产整理较差，需要后续预留时间整理。且，开发的版本比较快，但是 Bug 较多，版本稳定性不高，适合小而精的开发团队沟通模式。

以上 3 个协作流程的好处是只做沟通媒介（需求文档、需求单等）规范，流程较为灵活。缺点是可能会有一些信息传达遗漏，这部分可通过其他形式（泡泡沟通，面谈）等解决。

至于标杆部分，可以采用标杆沟通周会 / 双周会等方式进行沟通。

4. 除了以上的沟通机制之外，在 Demo 期，有 3 个项目沟通机制开展的重要前提。

第一，项目启动会议。

在项目核心成员确认之后，制作人召开核心成员一起召开了项目启动会议，会议中，制作人说明了产品立项概念书（包括产品卖点，特色，市场和开发重点），产品预计研发周期，产品核心成员结构，Demo 期目标等。会议持续时间 1 小时左右，项目所有开发同学对项目目标有了更深的理解。此会议的核心目的：与所有组织成员说明项目目标，给团队以信心和动力，树立项目长期及短期目标。

第二，项目成员座位安排。

尽量坐在一起。人少的时候可以选择 1-2 个圈。这样方便大家快速敏捷沟通，包括物理看板的实现等。

第三，确认项目规范。

规范是项目沟通的基础。不管是会议制度、协作流程等，如果前期没有制定好需求文档规范、易协作提单流程、拖单流程规范、SVN 提交规范、POPO 群提交规范等，那么这些制度和流程都会比较混乱。因而，在确认沟通机制之前，先确认好项目规范。

/ Alpha 期沟通实践

1. 画出组织中的成员图，如图 6-14 所示。

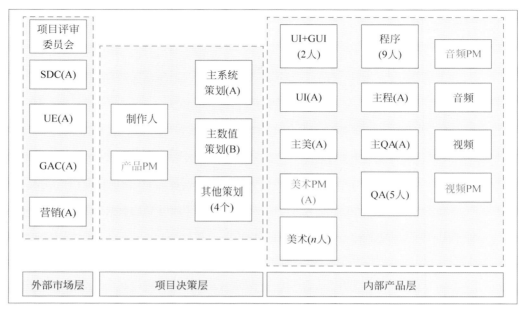

图 6-14 Alpha 期 某项目团队组织成员图

相比于 Demo 期，主要是开发成员的增加，同时还增加了视频环节。

2. 确认 Alpha 阶段重点要达到的目标。

以 Alpha 完成，中期评审的输出要求为目标：除部分外围系统外，手机包体中包含整个游戏的玩法展示（包体中包含美术、音频资源等），且可供玩家体验 3~7 天；外围素材完成或即将完成：包括 CG、KV、视频等；营销向内容完成或即将完成：官网、首曝方案等。从前到后，按照目标及品质优先级排序。即整个游戏的玩法展示优先级高于外围素材，外围素材高于营销向准备等。

3. 根据成员图及目标，确认 Alpha 期的沟通机制。

此阶段需要各个开发同学紧密的沟通，目标是将 Alpha 需求确认之后，并保质保量的制作出来。由于在 Alpha 期，需求较为稳定，稳定的开发节奏和迭代节奏，较低的需求变更率尤为重要。在 Alpha 期，建议可以推行以下 3 个会议制度迭代，3 个新的会议制度及 3 个协作流程迭代，1 个新的协作流程。（具体的会议及协作流程见附录）

第一个会议制度迭代——统一需求方向及目标：前多后少的策划设计主题会议。

迭代内容：策划设计主题会议目的中加入统一需求方向及目标的目的。在 Alpha 开发铺量阶段，容易开发着开发着就忘记了初心。因而，每次会议中，针对偏方向的地方，核心策划需要多次强调设计方向。保证策划团队内部的方向一致，不跑偏。

第二个会议制度迭代——基于功能开发的功能会：多方协作会议。

迭代内容：将功能站会改成在会议室中的坐着的功能会。会议前期，需要策划同学输出可执行的详细的策划案。且会后需要策划同学建立泡泡群。

此会议迭代内容较少，但是 Alpha 期，沟通更倾向于特性小组。策划成员为功能小组的负责人，对功能的计划、进度、质量负责。策划同学也是小组沟通的发起者，包括需求会、需求变更同步、需求迭代同步、需求验收情况同步等。其他功能小组从策划那里接收沟通信息。

第三个会议制度迭代——定期需求验收会（里程碑 & 功能节点）：功能验收会议。

迭代内容：验收会频率降低，平均每 2 周 ~4 周 1 次验收会。

4. 新增以下 3 个会议制度：（具体的会议及协作流程见附录）。

第一个会议制度——定期主管会（里程碑）：里程碑计划同步及总结。

第二个会议制度——视频 / 音频 review：主题式视频 / 音频会议。一般音频会议以里程碑为节点。

第三个会议制度——周会：周版本情况 review，重要信息同步（计划等），需求 review。

以下 3 个协作流程迭代：（具体的会议及协作流程见附录）

第一个协作流程迭代——开发协作：用易协作工具进行周版本开发流程及功能开发流程。

迭代内容：在开发流程中增加一个拉 release 的标准，增加策划验收流程及 QA 分析流程。整个开发流程长度增加，但是由于前期多轮审核，后期多轮验收，开发稳定性提升。

第二个协作流程迭代——辅助开发协作：POPO 群沟通流程，此部分迭代较少，主要根据不同会议主题等设置不同的 POPO 群沟通。

第三个验收流程迭代——辅助验收协作：定期与 UE、GAC、营销、评审委员会成员沟通，此部分同学应产品需求输出 UE、GAC、SDC 等报告或建议。

迭代内容：沟通更倾向于特性小组。策划为功能小组的负责人，是沟通的发起者，其他功能小组同学从策划同学那里接收沟通信息。

/ 项目开发后期及运营期沟通实践

1. 画出组织中的成员图，如图 6-15 所示。

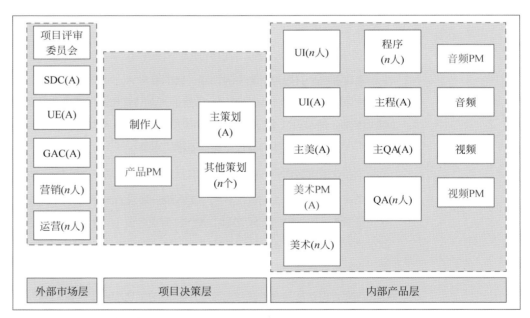

图 6-15　开发后期及运营期 某项目团队组织成员图

项目后期的项目组织成员如上图，项目内部成员各职能人数较多，算大中型团队。

相比于 Demo 和 Alpha 期，主要是开发成员增加，也增加了运营同学。

2. 确认开发后期及运营阶段重点要达到的目标。

以项目上线且成功运营的要求为目标：手机包体中包含整个游戏的玩法展示（包体中包含美术、音频资源等），且可供玩家体验 3~6 个月，同时已储备好上线后 3~6 个月的运营计划，并进行部分运营期内容开发；外围素材完成：包括 CG、KV、视频等；营销向及运营向内容完成：官网、首曝方案、论坛等。且此部分外围内容跟产品运营节奏一起，准备 3~6 个月的计划并有部分储备。从前到后，按照目标及品质优先级排序。即整个游戏的玩法展示优先级高于外围内容。

3. 根据成员图及目标，确认开发后期及运营期的沟通机制。

此阶段需要各个开发同学紧密的沟通，且越临近测试期，需求变更、需求迭代越多，开发压力越大。在项目上线及运营期，除了 Alpha 期的沟通机制外，建议可以新增 2 个会议制度和 1 个协作流程。（具体的会议及协作流程见附录）

第一个会议制度——营销 / 运营周会：产品营销向及运营向同步和总结。

第二个会议制度——定期外放版本 review：约半年一次多版本外放情况的总结会议。

新增一个协作流程——开发协作：内网、灰度、正式服开发流程。

6.2.2 团队沟通实践

/ 矩阵组织架构沟通问题

我们在网易的大家庭下，我们的项目中多数都是如图 6-16 和图 6-17 的组织架构：

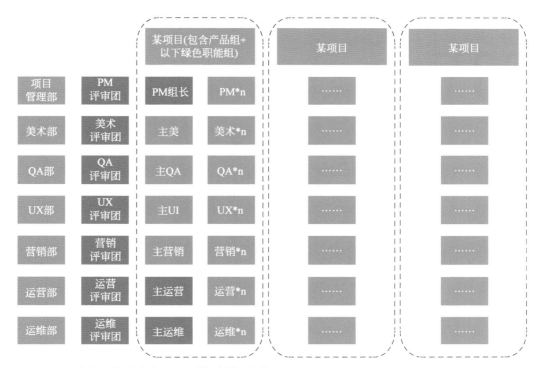

图 6-16　网易游戏 - 职能部门与产品部门间的矩阵型组织架构

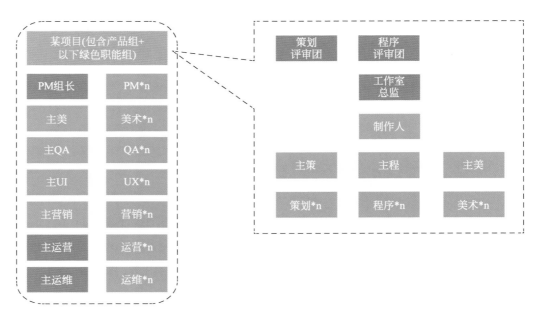

图 6-17 网易游戏 - 产品部门组织架构

如图 6-17 所示，绿色部分为实际在项目中的成员，蓝色部分为绿色部分成员的直接主管或者部门评审团。部门评审团是专业性较高，决策权较大的一个群体。该群体在指定专业上有较大的权力。由图中可以看到，我们公司的组织架构为综合性组织架构（包括矩阵型、项目型），此组织架构下的沟通较为复杂。

在矩阵式游戏项目开发中沟通较为复杂，推荐可以采取 3 组不同的团队沟通来解决"沟通复杂"的问题。

整体沟通流程优化推导如图 6-18：

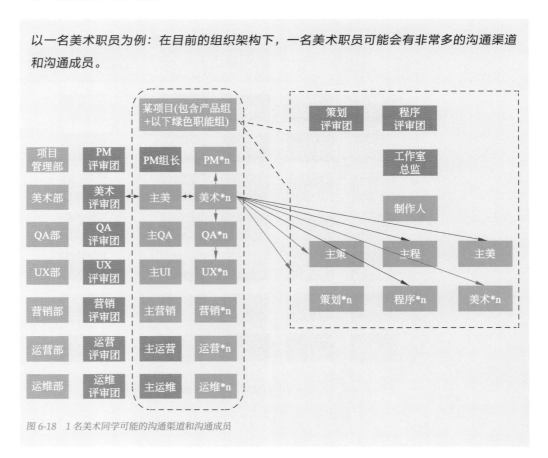

图 6-18 1 名美术同学可能的沟通渠道和沟通成员

在此种情况下，美术职员需要沟通的人员比较多，沟通较为复杂，参与沟通的人越多，信息失真的可能性越高。

我们分析一下，一般的开发成员主要有以下 3 种较为核心的沟通需求：

（1）项目需求设计沟通：理解需求；（红色线）

（2）项目需求执行沟通：实现需求；（蓝色线）

（3）项目需求专业性审核沟通：职能组审核；（紫色线）

前两个沟通需求可以通过建立特性团队来减少沟通渠道，降低沟通复杂度。

为了减少【需求变更】，我们建立核心团队，为了保证项目开发方向的一致性，我们建立项目决策团队。

/ 特性团队

特性团队的沟通特点及实践：

特性团队的沟通特点主要为聚焦功能需求本身，以需求目标发起沟通。则以功能需求本身，可发起团队的不同的沟通流程 / 机制。

特性成员、目标及沟通机制如图 6-19 所示。（需要注意的是特性团队唯一拍板人：策划）

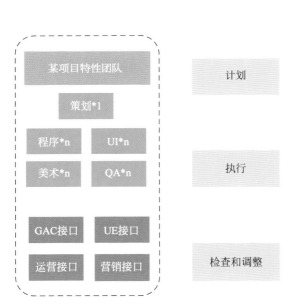

沟通目标(聚焦)	确认开发优先级、开发计划、团队明确清楚开发内容
沟通发起及决策者	策划主导
沟通参与者	特性团队成员参与(绿色)
沟通方式	三方会议，计划沟通会(若合作顺畅，可popo群)
沟通频率	至少每月一次。需求开始、需求较大变更(包括优先级调整)

沟通目标(聚焦)	确认开发进度(包括依赖和风险)
沟通发起及决策者	策划主导
沟通参与者	特性团队成员参与(绿色)
沟通方式	特性站会、popo群沟通
沟通频率	至少每周一次。当进度紧张时候可适当增加

沟通目标(聚焦)	确认功能验收、功能迭代
沟通发起及决策者	策划主导
沟通参与者	特性团队成员参与(绿色加蓝色)，团队通过后，可能会增加沟通成员(包括制作人、主策、主美、主UI等)
沟通方式	功能验收会(可能会发起迭代需求，团队流程优化等)
沟通频率	需求结束、大型需求的中期review

图 6-19　特性团队沟通机制

/ 核心团队

（1）核心团队的沟通特点及实践：

核心团队的沟通特点主要为聚焦产品大方向本身，以产品大方向的正确（包括方向确认、方向进度实现、方向资源支持等）发起沟通。以产品大方向本身，可发起团队的不同的沟通流程 / 机制。

核心成员、目标及沟通机制如图 6-20 所示。（需要注意的是核心团队唯一拍板人：制作人）

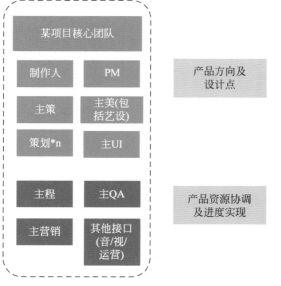

沟通目标(聚焦)	确认产品方向(核心设计点)
沟通发起及决策者	策划主导，部分PM发起
沟通参与者	核心团队成员参与(绿色)
沟通方式	主题会议(策划设计会、美术标杆/设计会、UI标杆/设计会、头脑风暴会)
沟通频率	项目前期较多(至少每周1-2次)，项目中后期逐渐减少(每月至少1-2次)。当项目出现方向变更较多/团队迷茫时，可加强沟通

沟通目标(聚焦)	确认产品进度(资源协调)
沟通发起及决策者	策划主导
沟通参与者	核心团队成员参与(绿色加蓝色)，根据团队需求可能有增加：比如增加运维接口等
沟通方式	周例会/双周例会(紧急情况，可以改成每日例会)
沟通频率	建议定期，比如每周、每双周或者每日

图 6-20　核心团队沟通机制

/ 决策团队

决策团队的沟通特点及实践：

决策团队单个成员的沟通特点主要为聚焦产品某一专业方向本身，以专业方向的正确发起沟通。比如美术评审委员会，他们会更在意产品中的美术效果，对美术效果提出非常专业的决策建议（方向建议）。而可能这时候会跟产品策划团队有一定方向上的矛盾。比如，美术专业组更希望美术效果更好，但是产品玩法中需要支持多人战斗，则核心玩法的实现需要牺牲一定程度上的美术效果。这种时候，需要双方协调沟通，得到一个双方都较为满意的决策。如果决策有较大分歧，此时，还是以产品制作人决策为主。

决策成员、目标及沟通机制如图 6-21 所示。（需要注意的是决策团队唯一拍板人：制作人）

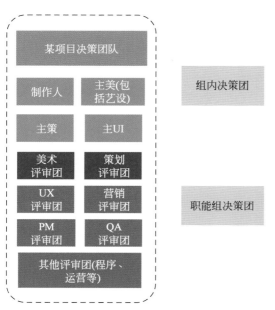

沟通目标(聚焦)	确认产品决策(包括范围、进度等)
沟通发起及决策者	策划主导
沟通参与者	决策团队成员参与(绿色)
沟通方式	里程碑会议(包括启动会等)
沟通频率	至少每个里程碑一次

沟通目标(聚焦)	提出产品决策(包括范围、进度等)建议
沟通发起及决策者	(1) 策划主导(红色) (2) 各个职能接口人主导(蓝色)
沟通参与者	(1) 决策团队成员参与(绿色加红色) (2) 决策团队成员参加(蓝色加项目组内蓝色成员对应项目组内接口人)
沟通方式	(1) 约review会议，面对面沟通/发送里程碑内容视频 (2) 蓝色成员对应项目组内接口人发起面对面沟通(点对点)
沟通频率	每个里程碑一次

图 6-21　决策团队沟通机制

在上图所示的决策团队沟通机制中，策划评审团和美术评审团的建议对项目来说优先级更高，因而沟通方式为以里程碑为沟通频率，面对面约沟通。其他评审团，可以项目组内成员自己带着里程碑版本（手机包＆视频），拿给自己的职能评审团，点对点沟通。当评审团提出意见的时候，产品组谨慎考虑评审团的意见和建议，对于会改正／调整的部分给予反馈，对于不会采纳的意见，也需要说明理由。让产品组与职能组保持持续的沟通频率，较少的方向性的矛盾，这样也利于职能组成员在项目组中的发挥，他们更有信心，也更有归属感和热情。

另一方面，持续保持与评审团的沟通，也对项目的开发会有很多帮助，评审团的同事专业性都很高，兼听则明。

（2）三个团队建立后的沟通渠道简化

特性团队、核心团队、决策团队建立后，我们看一下图 6-22。

通过项目特性团队、核心团队、决策团队的建立和沟通实践，我们发现，在矩阵式项目开发条件下，普通成员的沟通由复杂变成了普通，但是核心成员的沟通并没有变简单。这是一种牺牲管理成本，提高开发效率的实践。通过核心成员的沟通机制的成熟建立和实践，减少开发同学的沟通需求，降低开发沟通复杂度，尽量让信息传递聚焦，不失真，让开发同学没有两种矛盾的目标，是在矩阵式项目开发沟通的关键。

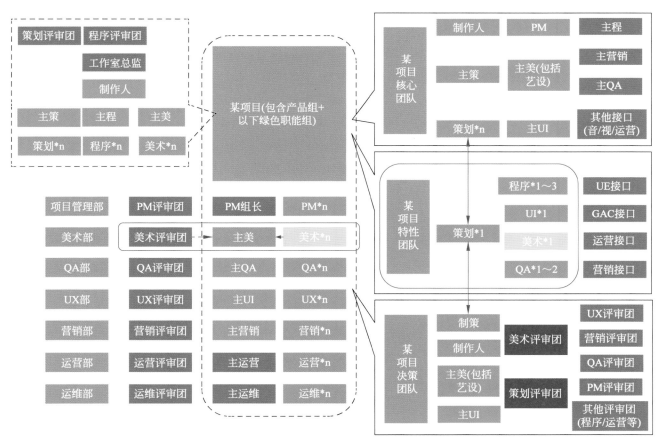

图 6-22　增加【特性团队、核心团队、决策团队】后的 1 名美术同学沟通图

6.2.3 会议沟通实践

在项目沟通中，我们关注的是信息及时、正确地产生、收集、决策、发布、执行、储存。其中最常遭遇的问题就是信息的失真和遗失。于是为了避免信息沟通的漏洞，我们经常本能地采取不断地叠加沟通制度的方式来解决："有鉴于此，以后我们建立一个沟通制度，每日/周/月或每次遇到 XX 就开个例会吧，参与者有 XX，XX……"

召开一次会议的成本，不能简单地用会议时长 * 参与人数来计算，其实还有很多其他隐性成本，比如：

协作等待："哎策划老在开会，我这边一堆待审核的资源，文档不清楚的地方要找他确认，还要找他验收系统，结果一天又耽误了！"

心流打断："这个系统很大，我得抽个大段儿的时间来写设计案/系统算一下/写反馈意见。可是想着一会儿要开会，我就没法儿开展"

消极应对："唉我也是没办法，会议这么多，还都要出方案，哪有时间，只能随便写写，会上说上两句，其他随便吧负责策划爱咋样就咋样吧"

这一切不仅干扰了正常的产出工作，还会导致质量降低等一些连锁反应。

我们为了更及时、更全面解决问题，精心选择了会议的形式，应该避免浪费时间。由以下 3 个方式进行会议分层。

/ 会议目的分层

会议交流的信息目的，通常所说的会议目的，我们主要可以分为以下几种：

1. 发布与搜集：已经基本确定的信息，周知干系人，或从干系人处搜集需要处理的信息。目标单纯，如一些周月会、项目启动会、重大信息公布会等。这种会议的特点是，需要讨论的内容较少或论题不确定（可能会在会上收集到），主要是信息传递。

2. 决策与协作：通过会议讨论，决定做什么和怎么做。其特点为有明确的范围、较为深入的讨论，得出一系列行动方案的结论。最常见的如设计方案讨论会、具体问题讨论会、审核会、功能会等。

3. 头脑风暴：目标比较虚，会前并无明确的共识，需要经过较为发散的讨论，互相激发，以期得到一部分结论。

从图 6-23 的信息流示意图来看，头脑风暴的信息效率相对会不够集中，这从实践中来看，产出的效率也是较为低下。这种会议的解决方案，一般也是尽力向决策型转变，即在进行头脑风暴之前做好会前准备，如各自比较完善的设计方案/研究报告等再来参会。

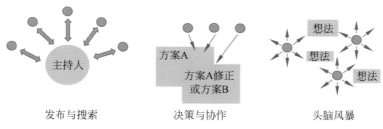

发布与搜索　　　　决策与协作　　　　头脑风暴

图6-23　信息流

以上的目的在一个会议中通常都是兼而有之、混合出现的，但有明显的主次之分。如果主次不够明显多个主题混杂的话，可能会扰乱信息传递或低效传递。尽可能地把会议的目的集中在一个上面，或者在会议中有明确的议程切分（等于变相的多个会议），会带来更高的效率。

同时会议的目的主次，有助于我们进一步判断信息传达对象。

/ 信息传达对象的分层

信息传达的对象，在参与度上存在差别层次。这也就是不同人对于会议的需求度、感受上不一致的根本原因。在组织会议时，无论是会前准备、会中讨论、会后执行上，都要对不同层次的对象作出不同的要求：

1. 核心队员

信息传达对象取决于会议的目的，最重要的是区分出核心队员。简单来说就是会议的事项谁来主导掌控、具体执行并负有责任。

需要在会议中凸显核心队员的主导作用，并激发他的主动性去促成整个项目任务的推进，包括做出决策、协调资源、发现风险、解决问题等。

如何确立核心队员，有许多种显性或隐性的方式。调整团队的组织架构去构建巩固，是其中一种比较明确的方式。

举例："阴阳师"团队在项目初期，策划比较少，一般都是全部的 3~5 个策划一起讨论确定，效率也很高。随着上线之后团队爆发式增长，策划增长到近 20 个，曾有一段时间仍然采取全体策划开会共同讨论的方式。制作人的本意是希望所有的策划抱有对产品的热情，以老带新，大家都来熟悉、关心游戏的设计和优化。但是这样开会的弊端就是会议效率很低下，那时周末要花一整天的时间来集中讨论冗长的任务列表和各种方案，策划中产生了疲乏、参与度不高、抱怨情绪等现象。

后来经过多方反馈，制作人决定在策划内部成立了虚拟组机制，并指定多个虚拟组组长。虚拟组侧重策划任务中的某个模块，策划在自己负责的指定工作之外，可以按照自己的兴趣和特长，选择加入 1~3 个虚拟组。由组长负责组织这一模块相关问题的讨论、规划、方案、进度的把控。

虚拟组内部会有自己的周会，也会就专项问题召开临时会议进行讨论。组长负有重要的责任，制作人主策会向虚拟组长询问该类问题的进展。组长有对虚拟组内部积分打分的权利。

经过这样的组织架构调整，首先组长作为核心队员，被赋予了一定的权力和责任，并且有明确的权责范围，对于相关模块的事务有了激情，推进力和责任心增强。而策划方案的讨论，大部分在虚拟组内部消化，参会人减少，会议效率提升。同时组员因为是自愿加入，并有积分奖励，拿出的方案质量也大大提升。

2. 参与执行者

关联性低一些的是参与执行者，他们需要从会议上获得的下一步需要做什么、上下游的信息，以便具体去执行事项。

参与执行者最关心的是自己负责的专业领域,在功能会之前如果能够准备得更加充分,在会上提问、解决的效率会更高。

3)被周知者

关联性最浅的是被周知者:使被周知者获取信息的目的,主要是为了查漏补缺。比如一件事可能参与执行者未考虑周全,可能会影响到其他关联职能,或者与更高层级的其他统筹考虑相矛盾,被周知者可以提出风险和问题,提高会议的质量,消除隐患。

关联性最浅,主要是从具体执行层面上来看,这不代表被周知者就不重要。有些情形下,会起到很重要的作用,能给出响应及时的参考意见,令会议快速达成决议。

> 举例:在《阴阳师》海外的策划－营销周会上,每周都会邀请一直跟进《阴阳师》项目的 GAC 妹纸参加。这是由于 GAC 妹纸是日本游戏达人,熟知各大游戏在日本的市场表现、活动口碑、社区舆论环境,能够准确评估到玩家对拟放出内容的反应。因此,在策划－营销周会上讨论到计划外放内容节奏、在国服方案基础上进行何等的本地化修改、平衡性调整的实际和补偿等,大部分时间都可以结合策划判断、营销计划、GAC 妹纸的建议,快速讨论出兼顾或取舍的方案。

/ 会议形式的分层

信息目的与信息传达对象的不同组合,会形成会议内在运转机制的不同侧重点。根据侧重点的不同,往往可以有不同的灵活的方式,用于达到效率的最大化。

发布与收集目的为主的会议,因为信息传递的分散和不确定性,可能会出现被周知者的数量占比较多、大部分关联并不强的情形。那么被周知者参会的形式就可以灵活变化,比如办公地点较远的可以电话参与旁听,或者考虑由核心队员、参与执行者会上讨论后,再将决议发送给被周知者的形式。

以决策目的为主的会议,最强烈的需求是要有决策者在场,决策者其实也是核心队员的一类分支。

类头脑风暴的会议,我们可以通过尽量压缩会上发散的程度来提高效率,方案在会前尽可能详细地准备好。如果成员之间的方案是并行的,也可以不必所有都同时在场。

归根结底,提高项目会议的沟通效率,要点就在于"集中"!

1)集中"人":选正确的人来讨论,核心队员、决策者、参与执行者、被周知者合理配置。

2)集中"事":把讨论的事尽量集中,准备越充分、议题越明确越好。

3)集中"时":把时间压缩在刀刃上,让最核心的人参与时间最专注有效,尽量节约其他人的时间。

6.2.4　附录(沟通实践补充)

表 6-1 为 Demo 期 3 个会议沟通具体描述。

表　6-1

会议名称	会议形式	会议目的	参与人员	会前准备	会议组织	会后确认
策划设计主题会议	方案审核会议	确认策划设计需求	所有策划	负责策划： （1）准备较为详细（可执行，但无字数要求，讲清楚即可）的策划案，也可准备2-3个方案供会议讨论； （2）会前提前将【待讨论】的文档发给参加会议的策划同学。让策划同学有足够时间阅读，并找到自己想要问的问题； （3）负责策划需要在会前与核心系统/数值策划同学，确认好自己的方案没有核心分歧。若有，需要会前解决。	负责策划： （1）讲解策划案。策划案需要有重点部分及细节部分，先讲重点，再讲细节； （2）各个策划同学提出自己的疑问点，负责策划进行说明； （3）若会上有无法解决的分歧点或会议时间过长（1个案子超过1.5小时），则可认为目标未达成。会议结束。	负责策划： 针对会议结论进行下一步工作：重新写方案，或者推进方案制作。
需求功能站会	物理白板	多方沟通确认需求及制作时间	负责功能开发的策划、UI、美术、程序、QA	负责策划： （1）准备好自己需要讲解的方案的思路，并且确认此思路策划内部已达成一致并审核通过； （2）准备一块物理白板； （3）把相关的同学喊过来（通过口头或POPO）。	负责策划： （1）在白板上讲解策划案。适当的情况下，在白板上画图； （2）若有疑问，在白板上沟通解决。若无法解决疑问，则认为目标未达成。会议结束。若可以开发，约定可验收时间。	负责策划： 针对会议结论进行下一步工作：重新梳理思路或者跟进制作。
功能验收会议	集中验收（会议或发需求）	验收功能并提出可改进的点	所有策划、UE（可选）、GAC（可选）等	负责策划： （1）准备需要验收的功能，并用视频或手机直接展示； （2）准备功能讲解、功能后续迭代方案等； （3）若不是会议，则直接发需求，用POPO沟通即可。	负责策划： （1）对电视上的功能进行讲解或说明； （2）会上针对其他部门提的建议进行回复或者记录； （3）会上说明功能通过，或者不通过（制作人or版本策划）。	负责策划： 针对会议结论进行下一步工作：重做功能或者跟进迭代。

表 6-2 为 Demo 期 3 个协作沟通具体描述。

表 6-2

流程名称	流程形式	流程目的	流程人员	具体流程	流程迭代	备注
周打包开发流程	用易协作工具	一定程度上控制周版本开发内容及节奏	所有开发同学		第一版流程：只确认提单完成时间及打包时间。第二版流程：增加周版本会。第三版流程：增加开发完成时间。	项目组用易协作工具沟通，在此流程下进行协作。易协作明确单子规范（包括提单、拖单等）。
POPO群沟通流程	POPO群	设立主题群，群内沟通特定内容	与主题相关的同学	负责策划：建立POPO群，将相关同学拉群负责策划：确认群目标，并发布到群公告。比如，3月6日，聊天完成。根据群目标，多方协作，在群中讨论。并且根据时间节点，群内进行进度推进。比如，3月4日，UI提交。UI同学需在3月4日群中提供UI稿。	第一版流程：只拉泡泡群，没有目标，有的群活跃有的群没声音。第二版流程：加入群目标，策划在目标点进行推进。群成员的目标感强，在节点前后群中沟通活跃。	（1）项目组可群聊，也可以单聊，也有非常多的走到近处直接沟通。但是重要变更，需群中同步。
辅助验收协作流程	POPO群或者会议	针对重要节点完成内容进行外部验收	所有策划、UE、GAC等	版本策划（制作人）或PM：根据里程碑情况，提前预约UE、GAC、营销、SDC、评审委员会等成员。将版本内容与其当面一起验收或发送包体及需求。可能会约外部玩家UE测试等。	第一版流程：只约了UE，没有约GAC；第二版流程：在里程碑结束后，整体与策划一起确认是否找外部验收成员验收需求。	此流程非强流程，会视包体完成情况而定。较为灵活，但Demo期至少每个职能体验一次会较为稳妥。

表 6-3 Alpha 期 3 个会议沟通具体描述。

表　6-3

会议名称	会议形式	会议目的	参与人员	会前准备	会议组织	会后确认
主管会	定期review会议	里程碑计划同步及总结，确认里程碑计划	所有主管	主策划及 PM: （1）准备已与制作人及策划同学确认的【待讨论】的里程碑计划表及上个里程碑的问题、本里程碑的重点。 （2）会前提前将【待讨论】的文档发给参加会议的各位主管。让主管有足够时间阅读，并找到自己的问题。	主策划及 PM: （1）讲解里程碑计划表及上个里程碑的问题、本里程碑的重点。 （2）各个主管提出自己的疑问点，主策划及 PM 进行说明。 （3）根据会议上的疑问点调整里程碑计划。	PM: 针对会议结论进行下一步工作：准备发布新的里程碑计划
视频/音频会议	定期review会议	确认视频/音频进展，review 视频/音频计划	负责策划、视频/音频 PM、视频/音频接口人	负责策划: 准备好视频/音频需求，并将里程碑内容展示，根据里程碑内容再发一波音频需求。 视频/音频同学: 准备好会上展示的内容：包括但不限于供应商选择、研发中的视频/音频效果、预算表、计划表、风险表等。	负责策划: 会上讲解需求，并与视频/音频同学沟通。 视频/音频同学: 会上讲解展示内容，并与产品方同学沟通。	PM: 安排需求制作；输出会后跟进项：包括产品方与视频/音频方并进行推进。
周会	每周例会	确认下周开发内容及重要信息/问题同步	所有开发同学	PM: （1）准备上周周版本数据； （2）准备重要信息：里程碑规划、团建、下午茶制度等； （3）对着里程碑规划 check 一下周版本提单情况，保证重要内容不遗漏。 策划: 下单完成 对着里程碑规划 check 一下周版本提单情况，保证重要内容不遗漏。 主程: 分单完成	PM: （1）进行上周版本 review，若有问题，则会上同步并说明解决方案（如延单较多）； （2）重要信息同步：里程碑规划、团建、下午茶制度等。 策划: 每个策划分别说明需求单子，若有需要调整的会上说明，PM 及策划协调调整	PM: 推进周版本规划建立，并发送邮件；

表 6-4 开发后期及运营期 2 个会议沟通具体描述。

表 6-4

会议名称	会议形式	会议目的	参与人员	会前准备	会议组织	会后确认
营销/运营周会	定期review会议，周会（每周）	产品营销向及运营向同步和总结·	制作人、主策划、营销接口、运营接口	营销/运营同学：准备好会上展示的内容：包括但不限于当周营销/运营内容反馈、下一周营销/运营内容计划、需产品方协作内容、总结等。	营销/运营同学：会上讲解展示内容，并与产品方同学沟通。若有会议中无法解决的分歧，则会后解决或下次会议解决。	营销/运营同学：发送会议后需要跟进的邮件，产品方安排跟进。
定期外放版本review	定期review会议（半年）	多版本外放情况的总结会议	所有某项目成员	策划、程序、QA等开发同学：准备好会上展示内容：包括但不限于版本总结及改进（策划）、版本质量总结及改进（QA）、版本营销总结及改进（营销）等	PM：组织会议，并通知大家参加；讲解同学：讲解PPT，此次会议仅为总结会，不涉及讨论。	/

表 6-5 开发后期及运营期 1 个协作沟通具体描述。

表 6-5

流程名称	流程形式	流程目的	流程人员	具体流程	流程迭代	备注
内网、灰度、正式服开发流程	版本分支	将运营期开发内容分批次	所有成员	开发流程分为3部分：内网：长线内网分支上开发，待测试后才合主干；灰度分支：此分支内容当周版本灰度外放；正式服分支：此分支内容当周版本正式服外放。	第一次流程：全部在主干；第二次流程：分离出内网分支及灰度分支。	/

07 淑女剑——干系人管理
Project Stakeholders Management

某游戏项目定于下个星期就要进行一次 VIP 玩家测试。本周打出测试包之后，PM 将包拿给了产品经理体验，产品经理体验之后提了几点建议，其中有一个建议是：将 PVE 道具和 PVP 道具完全分开，要让玩家在打开背包之后就清楚地知道哪些道具在 PVE 里可用，哪些道具在 PVP 里可用。主策划（和产品经理不是同一个人）将这项工作交给了策划小 C 去完成，小 C 和 UI 同学讨论了几版方案交给产品经理看，产品经理都非常不满意，最后产品经理说："举个例子，玩家在进入 PVP 模式打开背包后，他应该看到那些只能在 PVE 里面使用的道具上标着红色的醒目叉叉，这样对于玩家来说他就能清楚地知道，哦，原来这些道具在这个模式下不能使用。"小 C 于是又找到 UI 同学小红重新调整了一下方案，由于现在的方案已经非常明确了，于是方案出来找主策划确认 OK 之后，就开始投入制作。一星期后，VIP 玩家测试如期举行，测试后 UE 同学对测试结果进行了整理，整体评分比较低，遭到最多的吐槽点是：道具标识太丑，且不明白是啥意思。产品经理知道之后非常生气，就把 PM 和小 C 都叫过来当众训了一顿："没有改好，为什么要急着测试？评分这么低！你们是不是只想着做完，从没想过要做好？比如这个道具标识的问题，早在一个星期之前已经发现了，这么简单的事，为啥还是没有做好？"PM 觉得很委屈，这件事情产品经理明明已经和策划沟通好了，为啥还是会出问题呢？就算没有做好，明明是策划的责任，为什么会批评 PM 呢？小 C 也觉得很委屈，明明是完全按照产品经理的意见来的，就是在道具的左上角标了明显的红叉叉，为什么产品经理还是非常的不满意呢？问题到底出在哪？那到底怎么样做才能让产品经理满意？

要想解答 PM 和小 C 的疑惑，首先要明白的一点是：在生活和工作中，我们通常会面对不同的人和事，不同的人会有不同的需求，从而产生不同的事情，而往往事情是通过人来解决的，要想把事情做好，那么首先要做好干系人管理。而故事中的 PM 和小 C 的问题归根到底就是干系人管理的问题。干系人管理需要我们首先对干系人进行识别和评估，对沟通进行管理，以满足干系人的期望和需求，并与其一起达到解决问题的目的。简单来说就是解决两个问题：

（1）谁是干系人，如何评估？

（2）如何做好干系人的期望管理？

接下来，我们一起就这两个问题来进行探讨。希望通过理论结合实践，来解决故事中的问题，也希望对大家今后的工作产生帮助。

7.1 干系人识别

什么是干系人呢？其理论定义为：积极参与项目实施或完成的其利益可能受积极或消极影响的个人或组织。同样一件事情，对于不同的角色来说，他的干系人是不一样的。回到文章最开始的那个例子中，对于 PM 来说，和他最直接相关的干系人是产品经理和策划小 C；而对于策划小 C 来说，他的主要干系人包括：产品经理、主策划、玩家、UE。同样的，不同的事情，对于同一个角色来说，干系人也会不同。

7.1.1 干系人评估

在识别出来主要干系人之后，就要对干系人来进行评估，通过对干系人的评估我们可以知道一件事情发生之后，可以找哪些干系人，通过这些干系人可以做哪些事情，对最终的结果产生哪些影响；同样也可以知道，这些干系人会提出什么样的期望，我们应该如何去满足这些期望，干系人评估为我们后续的期望管理以及决策打下了基础。

干系人评估常用的评估标准主要有：价值、影响力、兴趣、知识（背景）、可得到性。我们通常会重点关注：价值、影响力和知识（背景）。接下来我们分别看看这三项标准。

/ 价值：

一件“事”的价值对于干系人来说，主要包含客观价值与主观价值。客观价值是指事物本身对应的价值；主观价值是指根据人的喜好、知识、性格、情感、背景、欲望等主体意识所赋予该事物的价值。

/ 影响力：

大家都知道权利高拥有决策权，但有的时候权利的高低并不一定决定了决策的方向，关键还是在于谁能影响最终的决策，这个就是影响力。就像文章一开始的案例，产品经理对于最终的游戏设计拥有最终的决策权，玩家对于游戏设计来说，权力是最小的，但玩家却也是最有影响力的干系人之一，玩家的喜好，最终会影响到权利高的人对于游戏的最终决策。因此，我们说影响决策的制定依赖的是影响力，而这个影响力又可以进一步细分为硬性影响力和软性影响力，所谓的硬性影响力，即我们所说的权利，是法律或者组织赋予的，例如产品经理、美术经理等；软性的影响力包括干系人的才能、能力、知识、被认可度、被认可的范围等，例如玩家的被认可度和被认可范围对于一款游戏产品来说都是非常高的，这也是我们为什么经常做玩家测试的原因，我们的产品最终要面向市场，服务于这些玩家，因此这些玩家对于我们的游戏也有一定的影响力。

如图 7-1 所示，根据影响力和价值的不同，我们将干系人划分在不同的区间，并采取不同的管理策略。例如，在小 C 的干系人列表里面，产品经理显然是影响力高、价值也高的一个干系人，因此需要进行重点管理。那么按照这样一种划分方式，故事中的 PM 的干系人管理矩阵是什么样的呢？大家可以思考一下。

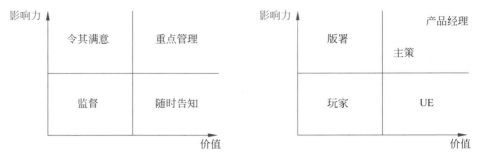

图 7-1　影响力价值矩阵

/ 知识：

知识可以分为纵向知识和横向知识，纵向知识是指干系人在该领域的一个专业程度，比如产品经理在游戏设计上是专业能力非常强的，而玩家的设计能力相对而言会比较弱；横向知识是指干系人的知识涉及面，这决定了我们在制定一些活动的时候，可以邀请哪些人来参加，比如有些策划除了对于游戏设计本身具体专业知识之外，对于音乐制作也具备相应的专业知识，因此在召开音频会议的时候，也可以叫该策划参加，甚至可以让这名策划做音频制作方面的产品接口人，便于建立音频和产品之间的沟通桥梁。

7.1.2　干系人分类

在对干系人进行评估之后，我们可以进一步的对干系人进行分类。干系人分类的目的是为了确认当我们发起某项活动的时候，需要找哪些干系人参加，同时应该选择什么样的沟通方式，采取什么样的方式进行期望管理。

我们可以将干系人分为四类：

- 制作者：具体执行的人；
- 审核者：进行需求确认、审核、验收相关的人；
- 影响者：对最终决定具有影响力的人；
- 决策者：做最终决定的人。在日常工作中，常见于管理层，如主程、主策、产品经理等。

对于文章开始的案例，制作者是策划小 C、审核者是主策划、影响者是 UE 和玩家、决策者是产品经理。

在我们新入职的时候，产品组的主管会带着我们在项目组"溜一圈"，让我们认识项目组内日常接触最多的干系人。因此，对于新人来说，早期我们对于干系人的分类是按照职能来划分的，如，策划、程序、美术、QA、UX 等，我们可以先了解这些职能组的工作职责分别是什么，便于分配工作。当工作经验逐步积累起来之后，按照职能来划分干系人的方式，已经远远不够了，我们需要按照制作者、审核者、影响者、决策者的方式来进行划分，才能使得各项活动的安排更加合理和完善。

在日常工作中，我们可以制订一个活动表，如表 7-1 所示，将我们所要进行的各项活动都罗列出来，然后将对应的需要参与该项活动的干系人打上勾，以便我们在组织这项活动的时候，不会漏掉重要的干系人。

表 7-1　项目活动干系人梳理表

	执行者	审核者	影响者	决策者
范围规划				
制订计划				
设计执行				
审核验收				
汇报沟通				

举个例子，PM 在制订计划的时候，我们需要将执行者、审核者、影响者、决策者都纳入这项活动中，我们需要执行者来评估计划的可执行性，我们需要审核者来进行审核，我们需要影响者提建议档期的安排是否合理，我们需要决策者做最终的决策，是否按照这项计划来执行。

搞砸一件事情一般有两种可能：一种是一开始这个事情就是错的，另一种是在执行的过程中将对的事情做错了。因此对于"做事"来说，我们需要这四个角色都参与进行，我们需要决策层面来推动问题的解决，决定做对的事情，我们需要执行层面来将对的事情做对。

对于决策者和执行者来说，这两者的思维方式是有所区别的：

对于决策者来说，他更看重的是这件事情本身的价值、目标、最终能达到的成果，他常常会独立思考，对于影响者的意见进行参考，最终自己做出决策，关注整体的效果。

对于执行者来说，他会从自己的角度出发，更关心的是工作量、不出错，关心上级的评价，关注上级给的绩效，想法很容易受到各方面因素的影响，更关注的是自身个体。

两种不同的思维方式，会导致看问题有所不同，从而导致一些常犯的错误，讲到这里，大家就会看到，策划小 C 犯了一个我们常会犯的错误：由于前面几次的设计不满意，非常担心产品经理对自己的评价降低（产品经理决定绩效），于是自认为已经非常清楚产品经理的需求了，在主策划（审核者）确认之后，就立马投入制作，最终发现并没有满足产品经理的期望。而故事中的PM 也忽略了干系人的分类，如果 PM 能够认识到不同类型干系人思维方式的不同，就会选择不同的沟通方式，想办法让小红在出了最终的设计稿之后，再让产品经理确认一遍，是否满足产品经理的期望。

前面我们介绍了干系人识别相关的知识，大家可以针对"制订计划"这件事情来识别一下都有哪些干系人；再按照价值、影响力、知识来对干系人进行评估，对应到干系人管理矩阵中去，以备后面采用不同的策略进行干系人管理；最后按照"执行者、审核者、影响者、决策者"的方式对干系人进行分类，以便不会漏掉相关的干系人，并采用合理的沟通方式来进行干系人的管理。好了，开始行动吧！

7.2 干系人期望管理

前面我们详细介绍了干系人识别和评估，那么如何来进行干系人的期望管理呢？这是我们这一章要探讨的一个话题。

首先我们想想为什么要做干系人期望管理？一般来说主要有四点：

（1）每个项目都有干系人，他们受项目的积极影响或者消极影响，或者能对项目施加积极或消极影响。

（2）管理干系人期望可以确保干系人理解项目的利益和风险，保持项目的正面投入和支持，从而增加项目成功的概率。

（3）理解了项目的利益和风险，干系人就能够积极支持项目，并协助对有关项目决策进行风险评估。

（4）通过预测人们对项目的反应，就可以采取预防措施，来赢得支持或最小化潜在负面影响。

其次，我们要知道期望管理的目标是什么？每个干系人都会有自己的期望，当期望渐近明悉之后，就会产生需求，我们只有通过期望管理明确需求，做好需求的过程管理，才能保证最终的结果符合预期。

最后，我们再来看看，到底该怎么做期望管理呢？在回答这个问题之前，我们先回顾一下上一章的案例，现在我们都知道 PM 和策划小 C 之所以会被批评，实际上归根到底是期望管理没有做好，并没有达到产品经理的要求。我们来仔细分析一下，PM 和小 C 有哪些错失点：

（1）均不清楚产品经理为什么会提出这样一个期望，提出这样一个期望的原因和出发点是什么？

（2）均没有完全理解产品经理的期望：产品经理说要一个红叉叉，而小 C 交付的结果就是一个红叉叉，但却不是产品经理想要的。PM 觉得有小 C 对接这件事情，就万事大吉，却没有想过产品经理对于 PM 也是有期望的。

（3）均未和产品经理就最终的方案达成一致。特别是对于 PM 来说，没有让小 C、主策和产品经理三方，就最终方案达成一致。

（4）在此过程中，产品经理的期望是否被错误的引导？沟通过程是否存在问题，导致产品经理觉得小 C 已经解决了问题。

（5）从确认最终方案，到执行，再到玩家测试的过程中，小 C 和 PM 均未再和产品经理交流过，并不确定在此过程中产品经理的期望是否发生了变化。

仔细分析一下就会发现，PM 和小 C 至少有这样 5 个错失点。我们来具体看看该怎么做：

7.2.1　掌握干系人的信息、区分干系人类别

我们前面有对干系人进行过分类，从决策和执行层面来讲，决策者更接近期望的来源，对事情的推动力也最大；执行者更接近于实际的执行情况，推动力较低。产品经理和小 C 就分别对应了决策者和执行者。影响干系人决策的因素有很多种，因此需要对干系人进行分析，掌握干系人的信息，才能明白干系人为什么会有这样的期望，为什么会提出这样的需求。可以从如下五个方面去对干系人进行分析：

- 过去的项目经历：内部因素。这来自于干系人自身经验和知识的积累，会给干系人当前的决策提供技术和经验支持；

- 对现有团队的认识：外部因素。看清手中的牌，干系人会对现有团队的能力进行分析，以初步的判断自己的期望是否能够达成；

- 个人需求：内部因素。为满足自身的某项诉求而提出来的需求；

- 对市场的判断：外部因素。干系人是既得利益的获得者，对于当前市场形式的判断，也会对干系人的决策产生较大的影响；

- 所处的大环境：外部因素。干系人所处的环境，如公司的发展战略，会使干系人感受到来自各方面的压力，而这些压力会转换成干系人的期望被提出，渐近明晰之后，会转化成需求。

掌握一定的干系人信息，有助于对干系人需求的理解。例如小 C 事件，深入了解一下背景之后就会发现，产品经理的需求实际上是来自于对市场的判断，当前竞技游戏火热，而竞技最讲究的是公平，因此对于 PVE 和 PVP 的数值拆分诉求就会很高，从而就有了对 PVE 和 PVP 道具进行拆分的需求。

7.2.2　识别干系人的期望与需求、对期望进行评估与比较

干系人的需求分为三种类型：

- 基本需求：又称为底线需求，是一个行业内约定成俗的，默认所有从业者都明白的需求，例如，对于游戏行业来说，品质要求就是底线需求，品质差的游戏，很难在市场上存活下去。

- 期望需求：它包含已经明确提出的需求，也包含对干系人潜台词的解析，即潜在需求。这一类的需求，是需要我们重点管理的。

- 惊喜需求：超乎干系人预期的需求，即尖叫度。对于项目管理而言，最好还是不要有惊喜需求，没有处理好，惊喜很可能就会变成惊吓。

根据个体情况的不同，深入了解干系人所需的时间也会有所不同，短的一两个星期，长的可能需要几个月，甚至一年以上。掌握干系人信息之后，要制定匹配的期望获取方式。比如，有些干系人能清楚描述自己的需求是什么，以及希望 PM 做什么，这类期望比较好识别，只需要记下来就好；但是有的干系人对 PM 有一定期望，但不会直接描述，或者他认为这些需求，PM 本来就应该知道，这类期望就需要 PM 从收集到的信息判断他们的潜在期望，并对他们的期望进行反复确认。根据经验，对于潜在需求一般来说有以下三种方式：

（1）定期沟通，可以是面对面，也可以是泡泡，获取干系人的需求，面对面效果果更佳。

（2）多提问，对于不理解的地方或者不明确的地方，层层深入去问，直到获得可以执行的需求为止。新人刚入职往往会比较害怕沟通，平时执行者走得比较近，但对于决策者（大多都是管理者或者上级）都会比较害怕，听不懂也不敢去问。大家要记住，刚入职时都有"新人光环"，大约有半年的时间，在这半年里项目组对于新人的容忍度很高，不要害怕犯错，不懂就要问，否则半年之后，还是什么都不会的话，就会比较难以获得干系人的信任。

（3）根据过往经验判断，当通过经验识别出了一个新的期望之后，一定要和干系人确认，防止理解出错。我们来回顾第二个错失点，我们先来看策划小 C：产品经理提到了一个红叉的需求，但实际上红叉只是一个举例说明，真实的期望是需要将 PVP 数值和 PVE 数值切分开，如果认识到这一点，就会发现该做的不仅仅只是在图标左上角画一个小叉叉。再来看看PM：产品经理在提出对游戏设计的不满之后，潜在需求是 PM 会跟进去把这件事情搞定，但最终 PM 没有及时跟进，结果也不好，才导致被产品经理批评。

在获取了需求之后，还需要对需求进行评估和排序，即对需求确认优先级，项目管理很多时候都是在管理一个三角形，如图 7-2 所示。

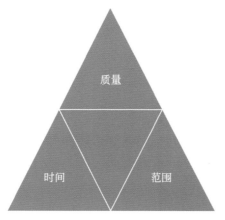

图 7-2　项目管理三要素

假设时间、质量都无法调整的情况下，我们只能控制范围，因此需要明确需求的优先级，保证在时间和质量既定的这两大前提下，能够最大限度地满足干系人的期望。

7.2.3　确保达成一致

在确认了需求之后，还要和需求的提出方再次确认，以此来保证双方的理解一致。举个例子，当时小 C 向产品经理多问了一句："我再重复一下，你看我理解的对不对，你想要的设计就是在这个道具的左上角有一个红色的小叉？"这个时候产品经理就会发现小 C 和自己的理解的出入，也就会避免后续不好的结果的发生。

对于 PM 来说，可能会更有挑战一些，在现实工作中除了要和需求提出方达成认知的一致之外，还需要处理好多个干系人冲突的情况。比如前文的案例，主策和产品经理的意见就是有冲突的，比如在实际工作中产品经理和美术经理对于需求的意见往往也有冲突，那么遇到这种情况应该怎么处理呢？一般来说可以通过以下三个步骤来处理：

（1）了解多个干系人的期望分别是什么，提出这个希望的原因是什么？

（2）自己有一个基本的判断，问题是什么，具体的冲突点是什么？

（3）针对不同的冲突点，以及干系人性格的不同，采用不同的方式，比如多人泡泡沟通、非正式面对面沟通（比如在某个人的座位上集中沟通）、正式面对面沟通（比如会议）。特别需要注意，在冲突比较激烈的情况下，不适合直接拉在一起解决，而是需要经过几轮单对单的沟通，尽可能的进行协调，最终达成一致。对于本文故事中的 PM 来说，只需要把主策叫上一起找产品经理面对面确认即可。

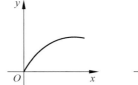

图 7-3　干系人对于项目期望值随时间的变化

7.2.4　建立沟通机制有效管控期望：

在和需求的提出方达成一致之后，就可以开始投入执行了。

有效管理期望包含两个方面：满足期望和管控期望。

/ 满足期望：

满足期望很简单，只需要在这个过程中，需要建立有效的沟通机制，以保证沟通的顺利进行：

从管理层面上来说：需要持续获取高层级的期望，倾听期望，管理期望，比如定期面对面的沟通，可以是正式的会议，也可以是非正式的沟通方式；推动问题的解决，决策的制定，关注结论；评估现状，拉动干系人对现状进行评估，可以管理一个期望表，定期对当前期望的状态进行更新；固定周期进行回顾；即，建立沟通机制获取决策，管理期望，使得干系人满意。

从执行层面上来说：保证信息透明，高效全面的传递；提高协作效率；评估风险，及时处理；保持团队的高战斗力；即，建立固定的流程和机制，帮助信息传递，确保信息及时、直接和透明，规避风险。

总之，想尽一切办法，帮干系人解决问题，达到满意的结果。

/ 管控期望：

管控期望是难点，可以作为新人干系人管理的进阶目标。要保证干系人的期望受控，核心要点有三点：

1. 服务公开，不要有惊喜

我们 PM 要通过"风险预警""风险管理"来做到期望受控。如图 7-3 所示，x 轴表示时间，y 轴表示干系人对于项目的期望值，表示了随着时间期望值会发生或上升或下降的变化。无论是干系人对于项目的期望上升，还是期望下降都应该是通过 PM 的控制引导来达成的，如果超过了管控，那么结果对于需求提出方来说都会产生巨大的意外，面对这个结果，上级的落差会很大，而我们自己的落差也会很大。

很多人都习惯于报喜不报忧，举个例子：项目进度发生了延期，很多人会想，这个延期是暂时的，过一阵子进度会赶上的。于是越来越多的需求堆过来，因为进度目标总能达成不是吗？直到有一天进度压力严重超过了团队所能承受的极限，于是团队崩溃了，需要很长时间才能恢复过来，而管理层在之前没有收到任何的预警，就结果而言，无疑是一个巨大的落差，无论是上级的心里落差，还是自己的心里落差都会很大。因此通过"风险预警""风险管理"来做到期望受控是非常重要的。

2. 及时制止，学会说不

对于超出能力范围的期望和需求，要学会说不，要知道希望越大，失望越大，承诺了不可能实现的期望，让干系人以为可以达到，而最终结果达不到，只会让干系人更加失望。

对于新人来说，说"不"很难，大家往往更倾向于去满足干系人的期望，而不去考虑期望的合理性。举个例子：某项目在 Alpha 阶段，产品经理希望 PM 定期更新一份上线计划表，这项工作可能是可执行的，但是工作量巨大，可能占用了 PM 日常工作 20%~30% 的时间，而且在需求变更率很大的情况下，这项工作的意义并不会很大，这就影响了 PM 的工作价值。而这个时候，如果 PM 把精力聚焦于当前里程碑的进度管控、流程的建立及改进、团队的管理可能更有意义。这种情况下，PM 可以就现状与产品经理进行讨论，出于为项目考虑的角度出发，把客观事实描述清楚，产品经理可能会调整对 PM 的期望。共同利益和价值（项目）是 PM 和产品经理达成一致的基础。

3. 让期望与自己掌握的信息匹配

期望管理很重要的一点是：让上级的期望与我们 PM 掌握的信息匹配，PM 的价值是提醒，让上级的期望不要走偏。

举个例子：上级认为团队的士气很高，于是拼命地加需求，但 PM 认为团队已经很疲惫了，再加会崩溃，于是这个时候 PM 就应该给出提醒，当然给提醒也是很有技巧性的，最好有数据辅助说明，比如说最近的需求平均完成时间、请假的频率、生病的人数等。如果只是感性的分析，是很难得到认同，也很难说服对方，数据的佐证往往更有说服力。

PM 的提醒是很重要的，管理细节往往更能体现 PM 的价值。

回到文章开始的案例，PM 应该设置几个关键时间点，让小 C 将中间结果定期拿给产品经理和主策看，获取反馈，保证大家的理解一致，最终达到有效管理期望的目的。

7.2.5 监控期望的变化：

随着时间的推移，干系人受到内在或者外在的影响，期望会有所变化，我们要做的就是建立定期沟通的机制，对干系人的期望进行监控，拥抱变化，快速响应。

我们来总结一下，干系人期望管理可以分为如下 5 步：

（1）掌握干系人的信息、区分干系人类别；

（2）识别干系人的期望与需求、对期望进行评估与比较；

（3）达成一致，特别是涉及多个干系人时，要将多个干系人的期望达成一致；

（4）建立沟通机制有效管控期望；

（5）监控期望的变化。

相信通过前面的分析，大家对于干系人的识别以及干系人的期望管理有了清晰的认识，方法不在多，够用就好，理论不在深，可靠最好。大家在今后的工作中，可以依托于本文提到的方法框架，在这个基础上，根据实际情况，对方法进行进一步的细化。没有任何一个具体的操作是可以应用到所有场景的，但框架是通用的。希望大家在以后的工作中，多应用，多回顾总结，在干系人期望管理这个课题上都能做到游刃有余。

08 打狗棒——风险管理
Risk Management

8.1 背景介绍

风险管理在项目管理中贯穿始终，在所有的管理模块中都可以找到需要应用风险管理的地方。风险管理是项目管理中非常重要的一环，风险管理的好坏决定着项目是险象环生还是平稳高效，也是平庸的项目和优秀的项目管理的关键分水岭。

广义的风险定义是带来收益或者损失的不确定性，可能带来有利也可能带来损失的结果，风险与机遇并存。

而在项目管理定义中风险是一种不确定的、可能导致一些损失或威胁项目成功但却没有实际发生的事件或者条件。这些事件或者条件可能对成本、进度或者项目在技术上的成功、产品质量或团队士气产生不利的影响（参看 PMBOK 指南等书籍）。

风险管理就是在这些潜在事件或者条件造成影响之前，识别、处理和控制它们的过程。

通过本章节的学习，你可以了解到基础的风险管理相关概念，工作中常使用的风险管理工具，实际的风险案例和风险管理应对的方法，学习完成后能对风险管理有基础的认知和具备一定实操能力。

8.2 识别和评估风险

8.2.1 判断风险

风险是影响目标实现的各种不确定因素。

已经发生或一定会发生，并且影响目标实现的，是问题而不是风险。对目标影响小，发生概率极低，属于不重要的信息，可以暂时不必关注。概率很低但是影响非常大则是黑天鹅事件，难以预测又存在一定意外性。在这之间对目标可能产生影响的这一个模块可以判断为风险了（如图 8-1 所示）。

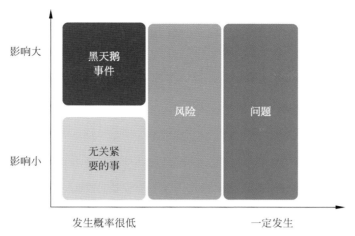

图 8-1 风险定位图

风险与不确定性相关，不确定性越高，风险也就越容易产生。风险大多数情况下是负面的，我们将负面的风险称作威胁，正面的风险称作机会。原本风险的含义里威胁与机会是并存的，在我们这里所讨论的"风险管理"主要讨论威胁类型的风险。

◆ **案例 8-1**

用会议发现风险

新版本的目标确定下来了，所有人都对目前的计划反馈没有问题。一切看起来都顺利地安排下去了，真的没有问题吗？拉大家开会讨论才发现了好几个潜在风险：这个版本里需要实现一个功能，该功能目前版本的引擎在其他项目还没实现过，程序大大按照乐观的开发经验来评估完成时间，但是无法完全确定能够按时完成。营销团队已经定好了宣传材料发布日期，而美术并不知道宣传相关资源提交截止日期需要提前到什么时候。美术组说正在等策划需求到位，而策划说在等美术组给出一个评估能完成的工作量的反馈……看似没问题的计划下面原来藏了这么多会影响进度的"风险雷"。那么如何"排雷"呢？后文里指引如何去建立风险管理清单，识别并记录项目存在的各项风险。而这个例子里需要在会议里向开发成员确认是否存在技术风险，向所有干系人同步关键节点信息是否存在计划风险，梳理各个职能之间的工作依赖关系，记录下所有的风险项和应对措施，并在后续跟进风险的解决情况。

"作为会议主持人，你必须有足够的风险意识，因为大家都在关心自己的工作，很少有人去关注整个任务的风险，因此我们必须敏锐的在会议中发现风险。在会议中我们要敢于善意地挑战别人的状态和计划，以及鼓励他人（比如 QA）去挑战别人。只要不断地发出疑问，才有可能发现风险和问题。这些风险可能来自于制作人员经验的不足，或者对问题估计过于乐观，也可能是没有考虑到实际任务中依赖所消耗的时间。当然还有一些其他风险，比如假期，优先级更高任务的插入，以及技术限制等。"

——网易游戏 高级项目管理总监

8.2.2 风险范围层级

确定：风险之后进一步去判断这个风险涉及的范围，可以将风险判断为四个风险范围层级：

一级风险是企业层级，公司主要业务面临的总体性风险；

二级风险是业务领域风险，主要业务领域中具体管理行为产生的风险，是具体业务相关风险；

三级风险是业务部门风险，例如具体人员风险；

四级风险是责任岗位风险，例如具体操作风险。

下一层级是上一层级的诱因，当我们对风险没有妥善的管理，下一层级的积累有可能诱发上一层级风险的发生。上一层级风险通常会伴随往下许多层级的风险，例如管理层相关的风险，属于事业环境因素一级风险，也直接导致了二级业务领域风险（如图 8-2 所示）。

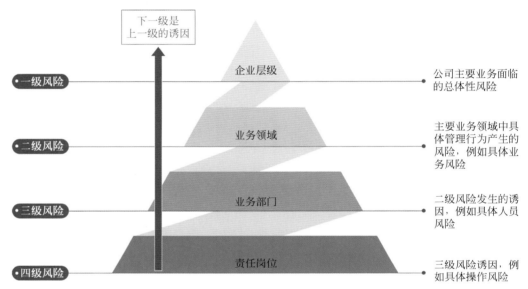

图 8-2　风险范围层级

◆ **案例 8-2**

风险是如何升级的

（1）项目的成员没有按照规范进行美术资源的审核反馈，反馈意见出现反复的情况，可能影响到资源制作的进度，这可以视为一次第四级的具体操作风险。

（2）由于这个成员本身的原因，这个风险并没有被处理，而是进一步的发展。多次具体操作风险的发生未进行规范，该成员形成了不规范的操作习惯，长期错误的反馈方式可能影响到与外包画师的合作。这个时候已经发展成为了第三级具体人员风险。

（3）外包画师经常得到不规范的反馈，从而拒绝了继续合作，并且将经历分享给其他的画师，降低了画师们的合作意愿，可能让这个项目的整体进度受到影响。第二级具体业务的风险已经出现，然而此时我们着手仅仅去解决三四级风险已经不能阻止二级风险的发展。

（4）事态进一步发展，画师不满事件影响了公司的对外口碑和形象，导致所有项目的画师合作受到影响，可能对公司发展目标产生长远难以消除的影响。一个四级操作风险就这样一步步升级为一级企业层级风险了。

判断风险是什么层级，就需要对应层级的力量去推动解决。

通常来说第三四级是 PM 和经理最常遇到的各项风险，可以采取规范操作要求，建立奖惩制度，调整人员安排等一系列风险应对措施。而发展到了第二级通常需要总监级的人员来关注应对。如果判断为一级风险，第一时间应该向上汇报，让风险信息及时传达到对应层级的管理层。

8.2.3 量化风险

风险无处不在，风险时时发生，这么多的风险，我们应该先着手关注哪一个呢。这时候我们可以通过量化风险来确定风险的优先级。

首先需要确定风险发生的概率。通常来说汇报风险发生的高低只是一个主观印象。我们可以建立风险概率系数表或者是按概率高中低来进行分类，以一定的条件来量化风险的概率。表 8-1 通过例举风险概率系数表来评估项目的技术风险。

表 8-1　风险系数评估

风险发生可能性	风险系数评估	说明
极高	0.9	远超过目前水平，极可能出现问题
很高	0.7	远超过目前水平，很有可能出问题
高	0.5	最新技术，未充分验证过
一般	0.3	最好技术，不会出大问题
低	0.1	正在使用的系统

再来确定风险的影响，风险事件或情形的影响相对于整个项目或某个特定目标进行评估，如：范围、质量、进度、预算、干系人满意度、资源等。可以通过前文提到的风险范围层级来确认风险的影响大小。

8.2.4 风险评估分级

通过量化风险发生的概率和风险发生可能带来的影响，计算出风险评估的期望值，以此来界定风险的分级公式：

$$风险分级 = 影响 \times 概率$$

由此我们得到一张风险矩阵图（见图 8-3）：

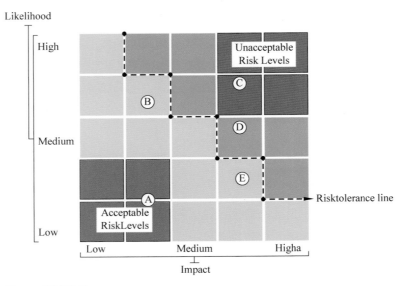

图 8-3　风险矩阵图

如图 8-3 所示，我们可以将风险分为四个级别，当风险发生的概率小，发生后所带来影响也很小时，我们可以认为风险的级别很低，反之，则很高。

风险矩阵图给出四种分类也决定着风险处理的优先级：

（1）如潜在问题在红色区域，则应该不惜成本阻止其发生。如果成本大于可接受范围，则应该考虑放弃该项目；

（2）如潜在问题在橘红色区域，应立即安排措施来阻止其发生；

（3）如潜在问题在黄色区域，应采取一些合理措施来阻止发生，降低概率或尽可能降低其发生后造成的影响；

（4）如潜在问题在绿色区域，则属于可接受的风险范围，该部分的问题大部分是反应型，即发生后再采取措施；

前面提到的风险处理成本大于可接受范围的情况，应该及时组织综合评估，综合各个关键干系人的意见来决定项目的调整。

而实际上每个人的风险矩阵图可能有所不同，偏乐观的人眼里的风险大多坐落在黄绿区，而偏悲观的人判断下来全是黄红区风险。风险管理的一个难点也在于，需要尽可能多地获取充足信息，来做出相对准确并被大部分干系人所认可的判断。

为什么不消除所有的风险呢？真实情况是也许采取了所有的措施也仍然会存在无法完全消减掉的剩余风险（风险敞口）。风险管理有成本，过度的投入风险管理成本本身也是一个风险项，合理性在于把风险控制在可接受的范围内即可。

8.2.5　工具－风险清单

如何能够成为风险管理达人呢？离不开大量的经验积累。最简单的上手方式：从现在起尝试建立自己的风险检查清单（如图 8-4 所示），记录所有你所经历过的或者其他人分享的风险，经常进行更新和回顾。随着你的这份清单积累越来越长，内容越来越丰富，你在风险管理上的能力也会有可见的成长。

这里给出一些在项目开发过程中项目管理里常用的风险标签例子：

进度风险，因某个策划需求未及时到位，导致项目资源进度和开发进度可能落后于计划；

成本风险，项目范围增加导致支出成本可能超过预算；

质量风险，影响项目质量未达到预期目标；

人力风险，可能出现人员流动或人力不足；

市场风险，上级关于版号发放的政策调整可能影响项目的上线；

干系人风险，总监层级对项目提出的意见可能影响项目的开发规划；

序号	风险范围	风险分级	风险描述	应对措施	处理效果
1	进度				
2	范围				
3	计划				
4	质量				
5	流程				
6	变更				
7	人力				
8	技术				
9	干系人				
10	资源依赖				
……	……				

图 8-4　风险清单示例

8.3　应对风险

了解如何识别和评估风险之后，我们来着手了解非常关键的"如何去应对风险"。

8.3.1　应对风险的四个策略

风险应对一般有四种策略（如图 8-5 所示）：

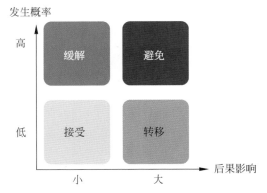

图 8-5 风险应对策略

避免： 通过使用不同的方法来消除风险的发生。

例如：有些团队需要做海外发行，需要进行文本翻译，将翻译外包出去之后，发现外包翻译的质量不合格，那我们可以就通过换一家外包公司，或者将外包改成内包的方式来避免风险的发生。

缓解： 降低风险概率或风险的影响。

例如：游戏质量不稳定，Crash 概率很高，我们可以通过接入监控系统，发现一个修复一个的方式来推进，使得 Crash 的概率降低。

转移： 转嫁给第三方。

例如：与个人画师合作由于约束有限，可能在需求制作过程中出现毁约而影响项目进度的风险。可以通过与画师代理外包公司合作，将可能的风险损失转移到代理外包公司来承担。

接受（或保持）： 接受风险和结果，响应可以是主动的或被动的。

例如：关键岗位的人员可能由于生病而影响工作。这类风险被动接受可以当发生后再调整工作安排，主动接受可以在让关键岗位人员持续的培养人员，储备后备力量。

◆ **案例 8-3**

避免假期带来风险

新手 PM 容易忽略的一类风险，公司的年假使用截止时间是 6 月底，成员们有较大概率选择在 6 月休完年假，加上端午节的影响，人员休假可能会对项目计划带来计划和进度相关风险。

为了应对新版本按时发布及有充足的人力处理运营问题，采取了一系列措施：预先收集了 6 月休假人员名单，确保关键岗位的人员安排稳定，6 月版本发布调整为提前锁资源，维护内容时间避开端午假期。最终避免了假期带来的风险，确保了项目顺利达成目标。

在计划中需要注意针对可预期的假期风险做出应对措施，例如法定节假日，6 月年假期限，公司集中校招日程，工作室旅游，运营活动发布会等。关注个人特殊性质的离岗情况，例如新人的拓展培训、婚假、产假、陪产假、调岗离职等。提前做好相关假期信息的记录和人员情况的收集，向关键干系人进行报备，在计划中提前进行规划。

8.3.2　判断合适的应对措施和干系人

风险分析的时候可以把一个风险拆分为：风险因素、风险事件、风险后果。

风险因素从个人来看可以去分析压力和动机，从业务来看可以去分析流程里的机会和漏洞。风险事件是具体风险的发生内容。风险后果是风险会引发的可能结果，可以分为直接后果、间接后果。

分析出风险因素可以来判断应对措施，根据风险后果影响可以判断风险层级，可以参考前文中提到的风险层级来判断风险涉及的相关干系人，从而进一步得出合适的风险解决方案和风险跟进人（如图 8-6 所示）。

图 8-6　风险应对模型

◆ **案例 8-4**

拆分一个关键岗位员工可能离职的风险

这里的风险因素从员工的动机来说是工作压力大，家庭需要更多时间的陪伴。风险因素从现状来分析可以看到关键岗位只有这一个人，产品赶进度加班严重，缺少激励制度。风险事件是这个关键岗位员工可能离职。风险的直接后果是岗位人力缺失，该环节进度停滞。风险的间接后果是项目里程碑进度延期。

那么识别出这个风险之后，针对风险因素去降低这个风险发生概率或者去减少风险的影响是我们需要采取的应对措施。结合前面应对风险的四个策略，这个人员风险概率较高，影响相对较低，可以采取缓解的策略，例如增加关键岗位储备人力，调整人员安排，优化进度管理，增加激励和情绪安抚等。根据风险后果可以判断这是一个三级风险且可能诱发二级风险，那么对应的风险跟进人应该是经理层级来做对应人员管理，同时向总监级汇报人员风险。

前面提到的避免、缓解、转移、接受四类解决措施，关键不在于记住这些术语，而是识别出风险的关键因素、关键干系人，选择当时情景下最恰当有效的应对办法。

8.3.3 工具 – 用交通灯表示风险

前面提到了需要根据风险的具体情况确认对应需要参与风险管理的干系人，在风险应对中，如何向干系人汇报风险也需要遵循一定的规范。这里介绍一些在书面风险汇报中，例如风险列表、项目报告、PM 周报、会议纪要中会使用到的风险标识。

通常我们在书面汇报的表格中使用绿色代表无风险和低风险，黄色代表需要关注的中度风险，红色代表需要马上解决的高度风险。交通灯可以让阅读报告的干系人快速锁定风险汇报上的重点。

需要注意的是谨慎使用红灯风险，建议在书面汇报高风险之前，需要先和干系人在风险的状况评估上达成共识。

图 8-7 是使用风险交通灯建立的风险记录表的示例。

风险编号	时间	风险灯	风险范围	风险内容	解决方案
1	6月	黄灯	成本风险	由于增补了大量新需求，目前整体开发完成度80%，预算接近超支	评估剩余开发量，申请重置预算
…	…	红灯			
…	…	绿灯			

图 8-7　风险记录表示例

8.3.4 工具 – 颜色和字体表现风险

报告中我们除了使用风险表格，通常需要用大量的文字来描述信息，这时候需要使用到共识性的颜色和字体标注，让干系人能够在报告中找到需要优先阅读的关键信息。

如图 8-8 所示，可以在自己的汇报中尝试加入对风险标识的备注提示。

备注：以下为汇报内容的优先级
- 黑色正常字体为正常汇报内容
- **黑色加粗字体为重点汇报内容**
- 橙色加粗字体为有风险的内容
- 红色加粗字体为严重风险或问题
- **蓝色加粗字体为正面信息**

图 8-8　风险备注提示

8.4 产品开发中的风险管理

在游戏开发中进行风险管理，需要先了解游戏开发过程中的风险特性。

在项目的整个生命周期中，风险都一直存在，且具有一定的分布规律。如图 8-9。

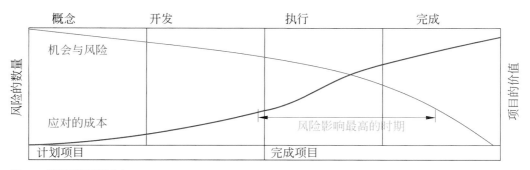

图 8-9 项目周期的风险分布

在项目初期，由于不确定性比较高，风险的数量往往是最高的，随着时间的推进，项目完成度逐渐增加，风险的数量逐步下降。另一方面，项目初期应对风险所付出的成本最低，但随着时间的推进，开发的内容越来越多，每应对一个风险，所要付出的成本也变得越来越高。

在项目生命周期不同阶段，风险管理方式也有所不同。日常需要定期向各个职能收集风险项，在汇报中向干系人同步风险项，定期跟踪月报数据，了解市场和政策动态带来的风险，从整体的角度进行风险管理。项目初期需要尽早地识别各项风险，组织启动会议和各职能计划沟通会议，建立这个项目的风险清单，确定各个风险管理措施。项目快速开发阶段通过定期的例会来同步进度情况，梳理依赖关系，管理新增的风险项。项目后期针对各种测试版本，也需要组织会议来识别和管理各个版本的风险。根据项目的紧急程度，还可以组织周会和每日站会来调整风险管理的跟进强度。

◆ **案例**

项目初期风险的高昂成本

有一个项目在立项之初，选择服务器架构的时候选择了 MobileServer，之所以选择 MobileServer 而不选择 BigWorld 的原因是，前者有源码，程序可以在源码上自由发挥，而项目进行了一段时间之后，发现项目要做的大世界对于 MobileServer 来说简直就是不能承受之重，负载根本达到不 BigWorld 的量级。

这时候 PM 召集了相关的干系人召开会议，确定是否要更新成 BigWorld，大家讨论了很久也很激烈，最终得出的结论是：程序继续在 MobileServer 的基础上进行服务器性能优化，原因是现在项目已经开发了大半年时间了，现在换成 BigWorld 代价太高，代码要全部重写，至少两个月的时候没有任何产出。例会后，一年过去了，负载的问题仍然没有得到解决……

从上面这个案例我们可以看到：

风险在整个项目的生命周期中都会存在，风险在没有解决之前也会一直存在；

随着项目的推进，应对风险的成本变得越来越高，在六个月的时候我们应对这个风险付出的代价可能是两个月，但 1 年零 6 个月后，我们应对相同的风险要花费的代价就远远不止两个月了。因此很多时候长痛不如短痛。

具备风险意识，能够尽早地识别风险并采取措施非常重要。

8.4.2 工具——建立风险复盘

在实战中积累经验最有效的方式是复盘，建立自己的风险复盘，反思如果重新来一遍，哪些地方可以做得更好，更有效的方式是什么。可以结合前文中提到的风险清单工具，在自己的风险清单中对项目的所有风险进行复盘，持续不断地丰富自己的风险清单库（如图 8-10 所示）。

风险编号	项目	风险级别和范围	风险描述	当时采取的措施	当时风险解决效果	问题反思	改进的措施
1							
…							
n							

图 8-10　风险复盘表示例

8.5 小结

不同的职能对于风险的评估角度不同，一个角度看来不是问题和风险的情况在另一个角度来看可能是较高的风险，我们需要从项目的整体出发来评估和管理风险。PM 需要收集各个相关职能对风险的评估并进行汇总与整合，综合考虑各项因素，从整体的角度给出专业的项目管理判断。

害怕风险会带来麻烦，过于自信认为自己可以解决风险，忽略风险的影响范围等都是可能导致一个风险会被忽略的原因。在这种情况下，识别风险需要基于对于项目的了解和自身经验的积累。

风险管理能力的培养不是一朝一夕，需要通过持续积累案例和勤加练习，让风险管理从理论和工具转化成为运用自如的风险管理意识。

以下是一些经验丰富的 PM 关于风险管理的建议：

- 培养自己的风险管理意识，提升项目控制能力；

- 对于项目的控制力度越弱，风险越高；

- 了解项目的主要风险，并制订应对方案；

- 提前制定风险应对计划；

- 手上要有一定的缓冲；

- 永远都有 PLAN B（备选方案）。

ADVANCEMENT IN PROJECT MANAGEMENT

03

项目管理的进阶内功心法

09 海外发行与全球同步发行管理
Overseas Publishing and Global Launch Management

9.1 海外发行项目概述

9.1.1 手游海外发行的背景

从单个国家的游戏市场流水来看，中国、美国、日本和韩国是世界四大游戏市场，在这四个国家之外，其他国家也有比较成规模的游戏市场。得益于中国智能手机快速开拓海外市场，中国手游海外市场增长势头强劲。相较于国内寡头垄断的市场格局，海外手游市场则更为分散，多数地区当地精品游戏有限，竞争压力较小，极为适合国内游戏厂商输出精品游戏，抢占市场份额。以东南亚、土耳其、俄罗斯、西班牙、墨西哥和巴西等地为例，其手游增速均超过全球手游平均增速，再加上这些地区人口众多，拥有较大规模的用户基础，这些地区将可以作为国内手游厂商重点开拓的海外市场，成为实施手游出海战略的沃土。另一方面，自 2018 年 3 月起，国内游戏版号审批一度暂停，游戏行业监管亦日趋严格，在很多手游产品因迟迟无法取得版号而不能在国内上线的情况下，出海则成为在当下破局最重要的策略。

9.2 海外发行项目的工作模式

9.2.1 发行模式

海外发行包括自主发行和代理发行两种发行模式。

自主发行是指由公司内的海外发行部门负责游戏的海外发行工作，具体地讲包括制作营销素材、市场推广、申请苹果和谷歌推荐、组织玩家测试、将产品上架、开展运营工作等。

代理发行是指由代理商来负责游戏的海外发行工作，其职责范围除了包含自主发行中海外发行组的职责范围之外，还承担了本地化需求和文本翻译的工作。

新产品在获得版号前，无法用国内市场验证产品成功与否，代理商在这种情况下代理一款产品的意愿会非常谨慎，大型手游厂商的产品越来越多地会选择自主发行。

在海外发行项目中，有一种比较特殊的做法是全球同步发行，这种做法理论上通过自主发行或代理发行都可以实现。但是，从规避风险的角度来讲，代理商通常会在产品已经被市场验证成功后再决定代理，进而导致代理发行通常要比国内版本要滞后一段时间，且多个代理商的产品发行时间难以统一规划，所以采用自主发行的模式更容易实现全球同步发行。

9.2.2　开发模式

海外发行项目的开发模式包括三种：自研团队开发、合作产品部与自研团队配合开发和双自研团队合作开发。

- 自研团队开发模式中，海外发行的成员都来自项目国服版的成员，可实现集中办公，沟通相对简单，但如果团队没有海外发行项目的经验，需要承担团队成长和海外市场不了解的风险；

- 与合作产品部合作则海外版本的研发团队成员主要来自合作产品部，项目国服版的成员以咨询和辅助的身份出现，两边的人员难以实现集中办公，沟通相对复杂，好处是合作产品部的海外发行项目经验相对丰富；

- 最后一种模式与合作部的区别在于成员来自另一个有海外发行经验的自研团队。

自研团队开发模式中，因为海外版本的内容本地化、设置功能开关、每周维护开启新功能等工作几乎涉及了国服版本的全部策划，而这些策划大多数又是兼职做海外版本，工作重心还是在国服版本上，所以自研团队的 PM 一方面要梳理清楚海外版本需要策划做哪些工作，另一方面也要督促相关策划分配一定的时间按时完成海外版本的工作。

在后两种开发模式中，因为整个产品是交给了一个新的团队做二次开发，开发过程中会有很多问题向原来的自研团队咨询，所以自研团队的 PM 要做好沟通管理并承担沟通枢纽的责任。

9.2.3　主要的发行模型

不同的发行模型和开发模式提供了给团队海外发行多样的选择,团队可以依据自身的能力和需求,选择性的挑选匹配的发行模型

以下为当前主要的几个模型：

- 自研异步发行
- 代理异步发行
- 合作部异步发行
- 双团队合作异步发行
- 自研全球同步发行

9.3 海外发行项目的工作介绍

9.3.1 海外发行项目全流程

海外发行项目整体要经历准备阶段、本地化阶段、测试阶段、上线阶段和运营阶段，本节会通过产品，技术，测试和项目管理四个角度，介绍各个阶段涉及海外发行的主要工作内容。

自研全球同步发行流程与其他模型有所不同，会单独作为一章——第 9.5 节"全球同步发行"介绍。

9.3.2 产品线

/ 文本翻译

文本翻译工作是海外发行项目中最为庞杂、改动最为频繁的工作。

经验不足的项目团队通常在开发国内版本项目之初没有制定文本相关的制作规范，进行翻译时，由程序编写脚本，扫描脚本代码中的文字，记录在一个 Excel 表。该表由外包公司进行翻译，程序再将翻译后的内容导入游戏。由于缺乏文本制作规范，经常会出现以图片形式存在的文本，或者写死在代码中的文本，翻译时需要重新绘图或重写代码，经常会出现翻译遗漏或更新遗漏。因此，一个未曾规划海外发行工作的项目团队，在海外发行工作的准备阶段，需要集中解决潜在的翻译问题。

对于一开始就打算深耕海外市场的项目团队，开发国内版本项目之初就会制定文本相关的制作规范，所有文本集中管理，可按语言分别保存在不同文件中，或者在一个 CSV 文件中用不同的列来保存不同语言，每条文本都有 ID，所有文本通过 ID 引用，尽量少用图片文字，避免将文本写死在代码中。在这样的文本规范下，翻译时很少出现重新绘图或重写代码的情况，很少出现翻译遗漏或更新遗漏，同时管理多种语言也比较容易。《皇室战争》《列王的纷争》等可以在游戏内进行多语言切换的游戏都是采用这种方式。

起初海外发行项目的翻译工作都是将中文翻译成外文，但是游戏厂商逐渐发现这种翻译方法很难在文化上引起海外玩家的共鸣，所以后来出现了一种新的创作模式，即由国外作家创作，游戏厂商将创作后的内容放入游戏，基于此生成海外版本，同时再把外文翻译成中文，形成中文版本。至于需要翻译成数十种语言的游戏，直接将中文翻译成数十种语言的可行性较差，一般会采用将中文翻译成英文，再将英文翻译成其他语言的模式。综上，海外发行项目的翻译模式包括以下四种：

（1）中文翻译成所有其他外文；

（2）中文翻译成英文，英文再翻译成其他外文；

（3）国外作家创作，创作内容翻译成中文，中文翻译成所有其他外文；

（4）国外作家创作，创作内容翻译成中文，中文翻译成英文，英文翻译成其他外文。

/ 语音翻译

通常海外版本语音制作需要与音频组提前 3~4 个月启动规划，而对于发达国家，预算也会明显超出普通国语录音，每次提需求要做费用和周期的评估。前期阶段根据产品的预算和资源质量目标确认语音制作规划，包含角色数量级，句数数量级，声优质量和交付日期要求。海外供应商通常需要提前 1~2 个月做演员联系，在录音两周前确定最终演员名单，此期间需要将角色基础设定和声线期望提供给供应商。

/ UI 适配

UI 适配涉及的范围非常广，包括系统界面、对话框、按钮、轻提示、战斗爆字、游戏内宣传图，等等。显示为文字的内容，有一些是纯文字、有一些是图片，有一些是贴上了图片的模型、还有一些是贴上了文字的特效。常见的问题包括出框、截断、不正常换行、文字无法正常显示，等等。在 UI 适配工作中，一般有以下原则：

（1）减少使用图片类文字，尽量使用文本文字，图片类文字每多一种语言支持，就多一倍的 UI 设计工作量；

（2）考虑不同语言文本长短的适配方式，可以在出 UI 设计方案时，分别出一份中文示例和一份英文示例，英文文字长度普遍长于中文等象形文字；

（3）尽量使用图标来替代文本，使用辨识度高的图标，是天然跨语言的；

（4）在 NPC 对话之类的 UI 界面，可以做一些下拉滚动的功能，或使用九宫格设计法，UI 界面大小根据文本的长度自适应；

（5）设计时提前了解并考虑部分地区玩家对 UI 交互设计的特别偏好，如韩国玩家喜欢横排滚动的充值界面，而不是向下竖着滚动的。

/ 定价

如果游戏是全球同服的话，出于公平性的考虑，采用全球统一定价的方式比较合适。如果游戏不是全球同服，采用全球统一定价的方式实际上是无视各国真实购买力的，对于经济发达的市场和地区，这样做无疑会使得定价显得"便宜"，进而损失了潜在的收入。项目组需要根据游戏的服务器架构以及发行国家的特征确定海外的定价策略。通常来讲，美国、日本、韩国等发达国家的玩家付费能力要高于东南亚等发展中国家的玩家付费能力。

/ 内容本地化

海外发行的手游需要针对发行地的特点，对游戏内容进行本地化。从增加收益的角度来讲，对重要的海外市场可以根据当地的习俗制作新的时装、宠物、节日活动，并结合玩家的游戏习惯调整礼包、活动开放时间、养成系统数值，等等。从规避风险的角度来讲，应修改有可能触犯当地的禁忌的内容，这主要包括以下几方面：

（1）宗教信仰：避免在游戏中破坏佛像、寺庙、佛塔等宗教标志；避免对民族信仰不敬，如牛在印度被尊为"圣牛"，在印度发行需避免以牛为反派或反派标志等不敬设计等。

（2）风俗习惯：避免出现伤害民族情感、种族歧视、抹黑特别习俗、使用不吉利数字等。

（3）法律风险：规避版权政策、分级制度、退款政策、欧洲 GDPR 合规等法律风险。

9.3.3 技术线

/ 服务器架构

海外发行项目的服务器架构主要包括：区域分服、区域同服和全球同服。

区域分服的特点是不同国家或区域有若干独立的服务器，每个服务器有人数上限，可支持跨服玩法；区域同服的特点是从玩家视角来看，每个区域只有一个服务器，每个服务器没有人数上限；全球同服的特点是从玩家视角来看，全球只有一个服务器，服务器没有人数上限。海外发行项目在立项之初需要根据游戏类型和发行地区确认好服务器架构。

在不同的服务器架构下，产品设计和程序开发都会存在较大的差异，一旦在中途调整服务器架构，调整相关的工作量非常巨大。因此，在项目初期选择服务器架构时，一定要非常慎重。区域分服的实现最为简单，便于通过开新服的方式拉新增，也可以满足土豪玩家争夺全服第一的成就感，但是运营后期会面临频繁合服的问题；全球同服实现最为复杂，但是可以确保服务器上始终保持较多的人数，也从根本上避免了合服问题，最大的问题在于相隔较远的国家网络延迟会比较明显，对即时交互要求比较高的游戏不太适合选择全球同服。区域同服介于区域分服和全球同服两者之间，在一定程度上结合了两者的优点并规避了两者的缺点。

/ 分支管理

由于不同海外市场的语言、文化、玩家习惯存在巨大差异，一个团队往往会针对不同海外市场定制不同的本地化内容。最简单的开发模式就是国内版本和每个海外版本都单独维护一个分支。这种开发模式有以下几个缺陷：

第一，国内版本持续更新的工作内容，需定期向每个海外版本合并，随着海外版本数量增加，合并工作会成倍增加，合并不完善带来的额外修复工作也会成倍增加；

第二，同名文件在国内版本分支和每个海外版本分支上各保存一个副本，由于国内版本和各海外版本对同一个文件会按照不同的需求去修改，将国内版本更新内容向各海外版合并时，需频繁判断保存哪个副本；

第三，在一个版本中发现并修复的 Bug，若其他版本也存在，需要重复进行修复工作。

针对上述问题，一种简单的解决方法是：所有版本共用一个分支，在数据表中，用不同的列来存储不同版本的数据，不同版本从表中读取不同的内容。这种方法的局限在于，它仅仅适用于数值和文本，而不适用于 UI 资源、美术资源、音频资源、视频资源和代码。

另一种简单的解决方法是：所有版本共用一个分支，针对仅在部分版本中开放的内容设置开关，该内容仅在对应的版本中生效。这种方法的局限在于，它仅仅适用于控制某一项功能在某个版本中是开启还是关闭，而不适用于针对同一项功能在不同版本里导入不同的内容，如 UI 资源、美术资源、音频资源、视频资源和数值。这种分支结构如图 9-1 所示。

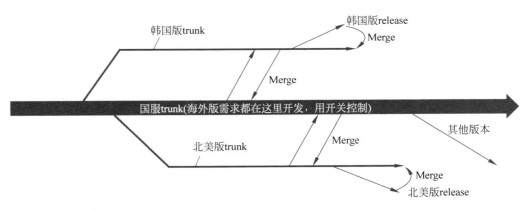

图 9-1　分支结构示意图

针对上述两种方法的局限，这里介绍一种适用范围更广且可以与上述两种方法兼容的方法——同名文件机制。具体地讲，各海外版非本地化内容与国服版共用一套资源，保存在共用目录下；本地化内容单独维护，文件保存在该版本的本地化目录下，文件名与国服版对应的文件保持一致。各海外版本在其本地化目录下开发本地化需求，各海外版本共有的 Bug 在共用目录下修复，某个海外版本特有的 Bug 在其本地化目录下修复。本地开发调试过程中，在程序调用文件时，若本地化目录与共用目录存在同名文件，则调用本地化目录下的文件，反之则调用共用目录下的文件。对一个海外版本打包时，将共用目录下与国内版本保持一致的内容以及该版本单独维护的本地化目录中的内容打入包中。该机制的示意图如图 9-2。

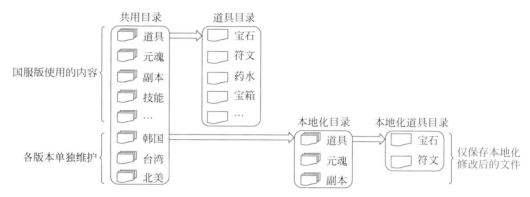

图 9-2　本地化机制示意图

/ SDK

SDK 接入是手游海外发行中非常重要的工作。为降低各产品接入海外 SDK 的成本，同国内 SDK 一样，公司的 UniSDK 也集成了海外 SDK。海外 SDK 可按照是否必须在产品上线前接入完成分为基础 SDK 和辅助 SDK 两类。基础 SDK 涉及登录和支付功能，辅助 SDK 涉及数据采集、数据分析、推送、广告等功能。

如果采用自主发行方式，SDK 接入需求可由产品团队自行确定，且相关 SDK 已经被公司内较多产品接入过，其接入复杂度已知，工期基本可控。如果采用代理发行方式，且代理商此前没有跟网易合作过，SDK 接入会成为一个比较大的风险点。一方面，UniSDK 接入新 SDK 再交由产品团队接入验证并通过的时间不可控；另一方面，初次合作的代理商可能会要求产品团队接入一些工作量大但效用不高的 SDK。针对第一个问题，需要预留足够的时间来作为缓冲；针对第二个问题，可针对接入相关 SDK 的必要性与代理商进行讨论，如果可以采用网易现有的平台和工具满足其背后的需求，最好是采用网易现有的平台和工具。

9.3.4　测试线

/ 语言测试

在语言测试方面，除了校对，还有一些其他测试目的，下面以针对日文的测试为例进行说明：

（1）用语不统一。除了同义词的情况，在日文中，还涉及不同语境下词语形态的不同。如，"明白了"有三种说法：分かつた、分かりました、畏まりました。

（2）与中文意思差异。一个多义的中文词汇会对应几个不同的日文词汇。同理，一个日文词汇会对应多个中文，需要根据语境调整，才能便于玩家理解。

（3）非游戏用语。某些用语上，直接看意思是正确的，但是放在游戏里，不符合玩家习惯。如，"速度"被翻译成了日文的"速度"，实际上应该是"素早さ"。

（4）过分直译，强行中文逻辑。中文和日文是对应的，但是放在语句中就不对了。如："激活技能"中"激活"被翻译成日文的"**アクティブ**"，合理的翻译应该是"習得"。

在代理发行的模式中，该部分测试工作是交由代理商负责。在自主发行的模式中，该部分测试工作是由海外发行组安排人力来负责，由于这项工作重复且烦琐，最好维护一个 Checklist 来辅助测试。

/ 兼容性测试

由于海外手机机型与国内手机机型存在较大差异，网易的 MTL 实验室无法全面地覆盖世界范围内的手机机型。因此，兼容性测试是需要格外关注的一项工作。

如果采用代理发行方式，需要确认海外主流机型以及跟代理商制定 MTL 分工，一个可以参照的工作流程如图 9-3。

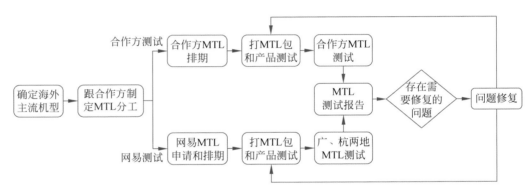

图 9-3　MTL 测试流程图

如果采用自主发行方式，可以考虑使用 Testin 云测平台，借助外部测试力量来辅助开展兼容性测试。

/ 性能测试

很多国家的手机性能整体要落后于国内，在国内主流机型上可以流畅运行的游戏，在这些国家的手机上未必能流畅运行。针对这个问题，产品团队需要对这个国家的手机型号及性能有比较全面的认识，确认好游戏要支持的最低配机型，在这个基础上进行性能测试。对于发现的性能问题，需要采取措施，如性能优化、调整美术资源、针对低端机设置低配效果，等等。

/ 压力测试

若国内版本已有压力测试脚本，则海外发行项目可以直接采用国内版本的压力测试脚本。海外发行项目的服务器可能是物理机，也可能是虚拟机，环境跟国内差异较大，非常有必要进行压力测试。不同公司在压力测试上的实现方式会所有不同，一种高性价比的压力测试方式是用脚本模拟大规模玩家在服务端的行为（如登录），而不用模拟玩家在客户端的行为。但是，在代理发行的模式下，一些比较大的代理商在其公司内部也有一套压力测试规范，这套规范可能很详尽但性价比较低（如需要先模拟客户端的加载再模拟服务端的登录），遇到这种情况，需要合作双方充分沟通，得出一个彼此都能接受的方案。

/ 网络测试

为了提高玩家下载 patch 的速度，手游的 patch 都会通过客户端发布系统上传到 cdn 节点上。玩家在下载 patch 时并不会直接连接游戏服务器，而是从 cdn 节点服务器上下载，大致流程如图 9-4 所示。

图 9-4　patch 流程图

从上面的流程可以看出，客户端发布系统上传解压 patch 以及 cdn 节点存储 patch 一旦出现问题，就会导致玩家下不到 patch，然而，这两个步骤是不受开发组成员控制的，因此，在测试 patch 是否可用时需要直接去尝试从 cdn 节点处下载 patch。对于一些屏蔽大陆 IP 的 CDN，需要连 VPN 再去测试。

此外，由于海外的网络运营商与国内存在差异，一些在国内可以正常运行的下载器机制，在海外会出现异常，这种问题需要进行比较广泛的测试才能确保全面排查。

/ 支付测试

第三方渠道和 Googleplay 在中国的正常网络下不能实现支付，一种解决方法是连 VPN 进行测试，另一种解决方法是由代理商或海外发行组在国外协助测试，进行支付后，记录当时的时间，以便国内人员在服务器后端翻查日志来检验。

9.4　海外发行项目的管理要点

从项目管理的角度来讲，代理发行和自主发行这两类海外发行项目存在较多共性，但也有比较明显的差异。代理发行模式下的代理商通常有比较丰富的海外发行经验，因此海外相关工作的结果是由代理商负责，但是跨公司、跨团队的合作成本比较高，研发团队 PM 在这种情况下应更多地关注代理商的诉求，平衡研发团队与代理商之间的利益，如果代理商是国外的公司，PM 要格外关注该国和该公司的文化，很多在国内可行的为人处事方法在代理商那边很可能行不通。自主发行对于网易来讲是近几年逐渐形成规模的新事物，海外相关工作的结果由网易自己负责，而新事物的发展则意味着经验不足和创新较多，研发团队 PM 在这种情况下应更多地主动借鉴其他项目的成功经验，协调各职能的专业人员在理念、流程、工具、方法上顺利完成转变。

本节会针对代理发行和自主发行两种模式统一阐述海外发行项目的管理要点，有些适用于两种发行模式，有些仅适用于其中一种发行模式并会加以说明。

9.4.1 干系人管理的要点

/ 识别干系人

在海外发行项目中，研发团队成员、代理商、商务、海外发行组、SA、运营、UniSDK、计费等都是容易被识别的干系人。但是，代理商或海外发行组会要求研发团队提供系统的说明文档、游戏数值表、游戏运营数据、过往的营销素材、视频的无文字版以及原画、模型、动作、音频的原始文件，等等。这一方面需要一些不直接参与海外版项目的国内版本的项目组成员整理甚至更新文档，另一方面也需要国内版本的营销、美术、音频、视频等职能部门的同事整理和处理过往的资源。由于上述人员并不直接参与海外版，上述工作不会被列为高优先级的工作，如果某项工作耗时较多且相关人员较忙，该工作可能很长时间都没有进展。以视频为例，海外版需要基于无文字版的视频制作外文版的视频，但是，有些视频中的文字是嵌入到画面中而不是位于画面下方的黑边中，无法通过用黑边遮挡的方式把文字去掉，所以需要原始的视频工程文件。原始的工程文件会有两方面问题：一方面，视频可能是由外部视频人员制作，工程文件并不在公司内部；另一方面，工程文件整体比较多且比较大，可能有数十个吉字节（GB），如果时间比较久远，整理的难度也比较大。对于这种情况，完成该项工作需要做很多沟通，过程不会很顺利。

/ 管理代理商的期望

若发行模式为代理发行，代理商的期望管理则是一件非常重要的工作。一个理想的海外发行项目研发团队应该是人员充足、经验丰富且专职开发一个项目，代理商对项目研发团队往往也有这种期望。因此，有些代理商会认为所有需求都能及时得到响应，所有技术难题都能顺利解决，所有新增需求都应该被满足，落后的进度可通过加人或加班来解决。但是，通常情况下，海外版本的研发团队是从国内版本抽调出来的少部分人，部分成员是工作不久的新人，且部分成员要同时兼顾国内版本或其他海外版本的工作。在这样的情况下，研发团队在合作初期就应管理代理商的期望，根据工作总量及实际人力给出合理的排期而不是一味迎合对方的上线计划；对于需求变更、需求增加以及代理商工作的延误，要向代理商说明其对进度的影响；对于技术难点，要让代理商了解开发时间的不确定性；对于跨部门工作所固有的工期较长的问题，要让代理商了解本公司内部跨部门工作的流程。

/ 分配工作

本地化过程中，有大量的简单重复性工作，部分团队成员对这部分工作的热情不高甚至有抵触情绪。在有备选人力的情况下，应考虑团队成员的特点，尊重其意愿。举例而言，翻译的导入和排查最终都是由程序实现，由于抽取翻译的时候会有遗漏，翻译的内容可能会迭代，且翻译上出现的问题修改起来也需要较多的沟通，因此，技术能力强但是耐心不足的程序就不适合做这项工作。至于制作大量的图片文字资源，这类工作安排给实习生或交给外包比安排给正式员工更为合适。

9.4.2 范围管理的要点

/ 把控好代理商的本地化需求

在自主发行的模式下，本地化需求由网易的研发团队和海外发行组共同制定，沟通相对容易。在代理发行的模式下，本地化需求绝大多数是由代理商提出，但这并不意味着研发团队的需求设计工作因此而轻松，更不意味着研发团队可以把需求设计工作完全交给代理商，主要原因有以下两点：

（1）代理商对游戏的理解并不深入，部分本地化需求可能对游戏有破坏性影响。这就要求研发团队的策划人员要用全局思维考虑需求的合理性，对不合理的需求进行调整或拒绝。这方面最典型的例子就是代理商要调整游戏中的投放与回收数值。

（2）需求初期考虑不周。为解决该问题，研发团队的策划人员要站在代理商的角度来考虑其需求是否有遗漏，尽早确认潜在需求的有无。

/ 按计划开展非本地化工作

伴随本地化工作会产生很多非本地化工作。本地化工作的成果可以体现在游戏中，非本地化工作的成果不易在游戏中体现，这也就意味着非本地化工作更容易被忽略遗漏。忽略遗漏非本地化工作会造成上线排期过于乐观以及上线前团队工作压力过大。非本地化工作主要包括以下这些类别：

（1）搭建海外版开发环境：该工作涉及配置海外版代码仓库，确定上线基准版本并将其内容移植到海外版代码仓库，确定分支管理策略，配置策划所需的编辑器，制作文本抽取及导入工具，等等。

（2）流程性工作：网易的手游上线前需要接入一些辅助性的工具，如 dump 和 trace 收集系统、聊天相关举报控制系统、公告系统、网络诊断系统，等等。这些系统在国内版本上线前基本都会接入，因此对于海外版本来说，可以移植国内版本的代码，接入难度不高。但是，接入这些系统需要在 Workflow 平台上申请对应的流程，因此，有较多的流程性工作需要做。为确保该部分工作不会出现遗漏，可由 QA 按照公司的手游上线质量标准对海外版本进行一轮排查。

（3）接入 SDK：如前面所述，接入的 SDK 包括基础 SDK 和辅助 SDK 两类。

（4）接入运营数据分析平台：网易手游在国内使用的运营数据分析平台主要是有数平台，该平台基本可以满足海外版的运营数据分析工作。如果采用的是代理发行模式，需要让代理商对该平台有足够的了解，这样他们才会采用该平台。此外，代理商可能会提出一些额外的数据采集和分析条目，对于合理的要求，最后也会集成到有数平台里。

（5）制作运营工具：若某海外版采用自主发行的模式，公司内的运营团队会支持该版本的运营工作。若某海外版采用代理发行的模式，公司内的运营团队不会支持该版本的运营工作，但是可以提供一套运营工具供代理商使用，研发团队需要在运营团队和代理商之间做好需求沟通工作。

（6）开发小包机制：Googleplay 要求上架的手游首包小于 100MB，国内各安卓渠道没有这个限制。因此，很多手游的国内版本没有小包机制，海外版本需要单独开发。

（7）谷歌推荐相关规定：对于申请谷歌推荐的手游，谷歌有特定的规定，比如返回键要按照它的要求来实现功能，不可以获取过多的用户权限，等等。这些规定在都满足了之后才能成功申请谷歌推荐。这方面可以参照之前获得过谷歌推荐的产品的经验。

（8）开关机制：手游国内版本在运营期，内容一般是开发完放入游戏，不久就外放。对于海外版本，为降低内容的消耗速度同时减少运营期的内容合并工作和开发工作，一般是把大量的内容放入游戏的首发版本同时再制作一些开关把一部分内容屏蔽掉，这部分内容会逐渐开放，对应的开关机制一定要在上线前完成。

（9）服务器部署：目前手游海外版本的服务器很多都是采用 AWS，配置相对比较方便快捷。但是，在代理发行的模式下，一些代理商会要求使用物理机，采购服务器的周期会比较长，一定要尽早规划服务器的采购事宜。无论采用 AWS 还是物理机，都需要根据对运营期玩家数量的估算来设定合理的服务器配置。

（10）测试：如前面所述，测试包括语言、兼容性、性能、压力、网络、支付，等等。在自主发行的模式下，这些工作由公司的 QA 人员开展，相对比较容易把控。在代理发行的模式下，这些工作有很多要交由代理商来开展，可能会出现一些问题，比如，代理商是中国公司，在海外的测试人员较少且能力一般，很多需要在海外实地测试的工作质量不高，再比如，一些海外代理商对手游上线的质量把控比较严格，而测试团队又需要预约档期，一个版本从提供过去到返回测试结果需要数周。

从上述内容可见，相比于本地化工作，非本地化工作涉及的范围更广，涉及的干系人更多，且风险因素更多。在制订产品上线计划的时候，一定要考虑到这些工作及其特殊因素，制定合理的工作排期，并按照计划严格执行。

9.4.3 沟通管理的要点

在自主发行的模式下，研发团队主要还是与公司内的同事沟通，对应的沟通管理方式与国内自研项目的沟通管理方式比较接近，这部分内容可参考国内自研项目沟通管理方面的文章。在代理发行的模式下，研发团队需要与代理商进行较频繁的沟通，对应的沟通管理方式与国内自研项目的沟通管理方式差异较大，本节将围绕代理发行模式阐述海外发行项目的沟通管理要点。

/ 了解代理商的企业文化

不同国家存在文化差异，不同公司也有独特的企业文化。若发行模式为代理发行，则顺畅沟通的前提条件是彼此相互了解，这一过程会贯穿项目始终。合作期间需要重点了解代理商的方面包括：对方重视效果还是重视效率，信守承诺还是出尔反尔，严格遵照流程还是乐于接受变通，尊重员工个人利益还是奉行集体利益高于一切等。

/ 协助代理商设计需求

代理商的接口人在设计和描述需求方面未必是专业人士，加上异地办公、语言差异和翻译失真的因素，常出现研发团队的工作成果跟代理商的预期结果存在较大出入情况。规范的需求设计流程可以减少这类情况。两类比较有效的流程如下：

（1）针对国内版本已有功能的本地化，研发团队提供国内版本的相关需求设计文档，代理商参照此文档给出本地化需求设计文档，研发团队再针对其中不明确的地方与代理商进行确认。应用该流程的例子包括登录过程的交互方案、新角色需求。

（2）针对代理商提出的定制化功能，代理商先提供需求方案，研发团队基于游戏特征和方案可行性对方案进行修正，输出需求设计文档，代理商再对需求设计文档进行确认。应用这类流程的例子包括 SDK 或平台接入、新功能需求。

在上述两类流程中，需求的讨论是基于模式化的需求设计文档，而不是基于口头的交流，这也就减少了双方对同一问题理解存在差异的可能，同时也便于根据文档对交付物进行验收。

/ 规范双方的信息传递机制

在海外发行项目中，对外沟通即使是采用全中文，研发团队的沟通成本依然很高。信息传递不畅容易产生误会，信息传递混乱会使信息失效，信息过多又会干扰研发团队的工作。这一切的后果都是耽误项目进度。因此，研发团队有必要规范信息传递机制，具体地讲：

（1）定期召开电话会议或视频会议。会前准备议题并发送对方，议题可包括研发团队的近期任务完成情况、工作中的阻碍及潜在的风险、代理商近期需要完成的工作、需求的确认、项目排期的修订，等等；会中控制讨论范围，控制开会时间，对于口头无法描述清楚的事项可会后通过书面材料描述；会后发会议记录给相关人并督促落实。这类会议的核心目的在于使双方及时同步信息，减少误会。

（2）针对每种沟通渠道指定接口人。该接口人应及时响应对方发送的信息，熟悉产品，能回答代理商的大部分问题，对于不熟悉的问题可调动其他人回答。指定接口人的目的在于明确责任，提升响应速度，减少非接口人受到的干扰。此外，对于重要的接口工作，接口人应该有备份，确保相关工作在大多数情况下都能及时得到响应。

（3）针对代理商的自有平台指定专人负责。研发团队与代理商都有自己惯用的工具，如功能开发看板、Bug 反馈平台。双方都会试图让对方使用己方工具，这样既可达到信息对称的目的，又可减少己方的学习成本和工具使用成本。但是，使用对方工具的一方却会负担学习成本和工具使用成本。若研发团队同时负责多个海外发行项目，并且针对每个项目都全员使用代理商的工具，研发团队的工具使用成本会极高。为减少研发团队的工具使用成本，同时又顺利推进双方的合作，研发团队可针对每个海外发行项目指定专人查看并更新代理商工具的信息，将其信息整理后发布在研发团队的惯用工具上，研发团队的其他成员仅使用己方的惯用工具。

9.4.4　质量管理的要点

/ 规范本地化资源的制作流程

本地化资源的质量会直接影响游戏品质，而文字翻译、图片文字制作以及语音录制等工作的周期较长，返工成本较高。规范的资源制作流程可减少返工的可能。

（1）文字翻译。不同游戏的文字总量差异较大，其文本量可从几百字至几十万字不等。翻译工作通常是交给外包公司来完成。为提升翻译质量，游戏团队可以制定一些规范，比如，交互界面上的文字通常都有长度限制，游戏团队提供的文字翻译列表上，应将交互界面上的文字单独标注，要求外包公司参照原始长度来翻译。

此外，为确保翻译文本前后概念的一致性，游戏团队可提供世界观说明文档，将游戏中的关键人物、核心概念、重要术语等提炼出来。

（2）图片文字制作。相比于纯文本文字的翻译，图片文字的制作，除了要求翻译准确、长度合适以外，还必须考虑排版（换行、对齐、间距、变形），且字体的选择也会对图片文字的视觉效果产生影响。在流程上，首先，要确定图片文字所采用的字体，综合考虑字体的美观性以及字体与游戏风格的契合度，并确保产品最终可合法使用该字体；其次，研发团队应制作图片文字翻译列表，其内容是原始的图片文字而不是纯文本，以便于翻译工作者在确保准确性的同时兼顾排版；最后，图片文字的制作者应严格参照原始图片文字的尺寸输出翻译后的图片文字。

（3）语音录制。语音是彰显角色特质的重要途径，游戏设计者因了解角色特质，容易挑选出合适的配音员，并使其按照特定的要求来配音。但是，不同语言在发音方式上存在差异，代理商或海外发行组对游戏角色的了解也不一定足够深入。因此，代理商或海外发行组难以仅仅通过听原始的语音就找到合适的配音员，并要求其按照符合角色特质的方式来配音。鉴于此，研发团队应提供详细的配音说明，其内容应包括角色的种族、性别、年龄、背景故事、声音特征、表演要求、台词及其应用场景等。

/ 协调国内外的测试团队

无论采用代理发行模式还是自主发行模式，产品的测试都需要研发团队与国外测试团队配合。在游戏测试方面，研发团队与国外测试团队各有优势。研发团队熟悉游戏内容，知道各类 Bug 产生的原理，能熟练使用后台工具来配合测试；国外测试团队拥有当地的主流机型，了解当地玩家的操作习惯，知道当地常见的作弊方法，并且其测试环境是产品上线后的真实环境。因此，双方在测试期间应充分合作，避免其中一方过度依赖另一方。合作可体现在以下几个方面：

（1）研发团队提供详细的测试用例，便于国外测试团队全面测试游戏；

（2）研发团队提供后台工具并指导国外测试团队使用，加快国外测试团队对特定功能的测试速度；

（3）研发团队尽早向国外测试团队索要当地主流机型的清单，安排采购，以便修复特定机型上出现的 Bug；

（4）向国外测试团队提交游戏包之前，研发团队应对该游戏包测试通过，减少国外测试团队不必要的测试工作；

（5）研发团队应了解国外测试团队所在公司有关测试工作的规定，避免因己方工作的疏忽延误了国外测试团队测试工作的进度；

（6）对于国外测试团队反馈的 Bug，研发团队应及时响应。

9.4.5 风险管理的要点

/ 竞品风险

海外发行项目周期较短，项目启动直至产品上线的周期通常在 3 至 4 个月。但是，在该周期内，目标市场依然有可能出现品质更高的竞品，极大影响产品上线后的市场效果。这类风险的预防措施是尽快使产品上线。控制需求范围，梳理各项任务间的依赖关系并安排好优先顺序，了解己方和对方公司的产品上线流程，持续跟进各项任务的进展状况可确保产品上线的日程不被延误。如果已知有竞品近期会上线，应重点关注其上线日程并做竞品分析。

/ 技术风险

海外发行项目的技术风险常存在于非游戏内容需求，如 SDK 接入、多语言切换功能、礼包发送功能、包体受限的游戏首包及其 patch 系统、SVN 上多个海外版本协同管理的环境搭建。这类需求的共性是团队成员在开发国内版本时未曾对其考虑，其可行性、开发时间及最终效果都存在较大不确定性。这类风险的预防措施是提高相关工作的优先级，尽早开展相关工作。具体的工作范畴可参照前面"按计划开展非本地化工作"这一部分的内容。

/ 人员风险

海外发行项目的人员风险与国内版本的人员风险类似，比较独特的风险存在于同时开展多个海外发行项目的团队中。为减少国内版本向多个海外版本合并代码的工作量，有时会由一个程序员来协同管理 SVN 上多个海外版本的代码。在这样的情况下，若该程序员休假，离职或出现意外，所有海外发行项目都会停滞。这类风险的预防措施是至少安排一个额外的程序员掌握 SVN 上多个海外版本的代码管理方法。此外，可要求管理 SVN 分支的程序员整理相关的 Checklist 及工作规范文档，把个人经验沉淀为团队经验，减少对个人的依赖。

9.5 全球同步发行

9.5.1 全球同步发行概述

网易自 2014 年起已经在海外陆续发行了《口袋侏罗纪》《天下 HD》《乱斗西游》等手游的海外版，但无论采用代理发行还是自主发行，都是先在国内上线再陆续在海外上线。这种做法主要会有以下两个问题：第一，由于产品在立项之初选择的题材和类型主要是面向中国市场，游戏发行到海外会出现水土不服的情况；第二，产品在研发期没有按照国际化的标准来开发，后期本地化成本较高。相比较而言，在立项之初就放眼全球市场，选择在世界范围内有更多潜在市场的游戏题材和类型，在研发期严格按照多语言的国际化标准来进行产品开发，上线阶段同步在多个目标市场进行游戏发行则是更为成熟的国际化手游发行模式。随着国内相关部门对游戏行业提出了更高的监管要求，版号审批总量控制趋势亦日益明显，手游出海是一种必然的选择，而全球同步发行则是手游出海策略的高级形式。

全球同步发行的手游项目与只在国内发行的自研手游项目相比，其 Demo 阶段、Alpha 阶段、测试与上线阶段会有一定的差异，本节主要介绍这三个阶段的工作。

9.5.2 手游全球同步发行各阶段工作介绍

/ 同步发行流程

同步发行项目整体也会经历准备、本地化、测试、上线和运营五个阶段，但准备期会提前到自研流程中的 DEMO 阶段同步进行，其全流程示意如下：

/ Demo 阶段

对于选择全球同步发行的手游而言，Demo 阶段最重要的工作是选择一个在世界范围内有较多潜在市场的题材。按照文化差异和市场规模，全球手游市场可以划分为四大板块：欧美文化游戏板块（覆盖欧洲、北美、南美、澳大利亚、印度），中华文化游戏板块（覆盖中国大陆、港澳台地区、东南亚），日本文化游戏板块和韩国文化游戏板块。

在题材确定后，另一项非常重要的工作则是确定美术风格。在确定美术风格的过程中，最好是配置一些具有海外背景的外籍画师或是华人画师。此外，需要特别关注的是，海外市场对知识产权的重视程度，抄袭、侵权等行为不仅不被玩家所接受，还会带来名誉和法律上的风险。

此外，团队在 Demo 阶段应该重点考虑产品的服务器架构和最低支持机型。就全球市场而言，服务器架构主要有区域分服、区域同服和全球同服这三种。区域分服是指不同国家或区域有若干独立的服务器，每个服务器有人数上限；区域同服是指从玩家视角来看，每个区域只有一个服务器，每个服务器没有人数上限；全球同服是指从玩家视角来看，全球只有一个服务器，服务器没有人数上限。采用全球同服，会出现不同区域的玩家在交互上存在较大网络延迟的问题，因此，类似 MOBA 这类对交互即时性要求较高的游戏不适合采用全球同服的服务器架构。另外，由于部分国家的手机性能整体水平要落后于中国，在设定最低支持机型的时候，要考虑这些国家的实际情况。

/ *Alpha 阶段*

全球同步发行的手游与只在国内首发的自研手游相比，在 Alpha 阶段最主要的区别是整个 Alpha 阶段都要按照国际化的规范进行开发。这主要涉及内容创作、文本翻译、UI 适配、规避异国风险四个方面。

关于内容创作，根据过往的经验来看，由中国策划基于海外某个国家的文化创作出的剧情，难以吸引当地的玩家；而由当地作家创作剧情的模式被证明是可行和成功的。基于异国文化构建游戏世界观，编写剧情，涉及如图 9-5 所示的四层工作。

图 9-5　契合异国文化的"金字塔"

基于异国文化进行创作，可参照这样一种模式：首先，由当国作家创作剧情，确保文化还原度；其次，根据游戏对文本格式的要求向当国作家进行介绍，便于文本拆分和文本导入游戏；最后，基于翻译出来并定稿的中文，翻译成其他各国语言，尽量减少后续翻译工作的成本。该模式的示意图如图 9-6。

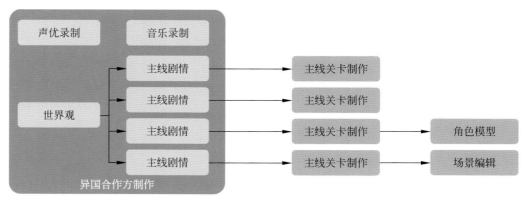

图 9-6　制作流程图

关于文本翻译，为顺利实现全球同步发行，应注意以下四点：

（1）在开发项目之初需要制定文本相关的制作规范，所有文本集中管理；

（2）可按语言分别保存在不同文件中，或者在一个 CSV 文件中用不同的列来保存不同语言；

（3）每条文本都有 ID，所有文本通过 ID 引用；

（4）尽量少用图片文字，避免将文本写死在代码中。

此外，在基于异国文化进行创作时，若由当国作家创作剧情，游戏开发方根据游戏对文本格式的要求向当国作家进行介绍，便于文本拆分和文本导入游戏，基于翻译出来并定稿的中文，翻译成其他各国语言，减少后续翻译工作的成本。

关于 UI 适配，如果打算做全球同步发行，在一开始的时候就需要采用全球发行 UI 的规范，而不要像一些项目组在后面需要改多语言 UI，需要耗费大量的时间进行，而且更改风险极高。全球发行 UI 的规范主要涉及以下内容：

（1）避免使用图片类文字，尽量使用文本文字；

（2）考虑不同语言文本长短的适配方式，可以在出 UI 设计方案时，分别出一份中文示例和一份英文示例，中文样式的 UI 可以适配日本、韩国等国家，而英文样式的 UI 可以适配拉丁语系的国家；

（3）尽量使用图标来替代文本；

（4）文本通过 ID 引用，便于语言切换。关于规避异国风险，从目前公司内已经在海外发行的产品来看，主要包括：①规避宗教信仰禁忌；②规避风俗习惯风险；③符合法律法规。

就宗教信仰而言，不同的宗教有不同的禁忌，比如穆斯林与猪，印度与牛。中东国家普遍信奉伊斯兰教，除了猪的禁忌外，对男女的穿着打扮要求也十分严格，应适当注意游戏人物形象的修改。东南亚国家佛教盛行，人们非常敬重僧侣，同时非常注重头部不能随便触碰，如有涉及相关内容需谨慎修改。

就风俗习惯而言，不同发行地区的当地文化都有可能会带来一些问题，例如在欧美发行的一款涉及埃及神系的卡牌游戏，美国玩家会对埃及神话人物的肤色问题产生疑问，有黑人或者没黑人都会引起一部分玩家的不满。

就法律法规而言，需要注意全球各地法律法规特殊说明，例如：

台湾地区禁止大陆游戏厂商直接发行游戏，大陆游戏必须由非大陆游戏厂商代理才能在台湾发行。所有在台湾发行的游戏需要向工业局申请游戏分级标章并通过资安审查才能上架发行。（参考台湾"法律"：《台湾地区与大陆地区人民关系条例》；《大陆劳务服务广告活动管理办法》《游戏软体分级管理办法》）。

日本的《资金结算法》要求对游戏内属于预付手段的道具进行备案，若基准日当天预付手段的未使用余额超过基准额（1000 万日元），游戏发行商需将该基准日未使用余额 1/2 以上的金额托管到法务局，并向金融厅报告，以便在游戏停服时对玩家进行补偿。

在日本发行游戏还会涉及《景品表示法》的合规。例如，在玩家购买了一种道具后，为了吸引玩家或进行促销而向玩家免费赠送的其他游戏内道具可能被认定为"景品"，法律要求景品类的最高金额不得超过玩家购买道具金额的一定比例。此外，在游戏外进行宣传，禁止优良误认表示（如"第一""最好"），有利误认（如"双重价格""特定时段的特价"）或其他可能误导消费者的表示。

/ 测试与上线阶段

在国内发行的手游，一般会在小范围玩家测试、渠道不计费测试、渠道计费测试之后进行上线工作。而全球同步发行的手游一般会先选择一些小国家进行试运营，待一切稳定后，再进行大范围发行和导量。

由于海外一般只有 AppStore、GooglePlay 和官网 3 个渠道，因此获得推荐是非常好的导量方式，应该尽量争取推荐。国内游戏一般不上 GooglePlay，因此在设计游戏时，有时 Android 客户端也采用类似 iOS 的设计体验，这时 Google Play 申请推荐时，可能会要求游戏修改成满足 Android 的设计规范，公司 KM 上有关申请 GooglePlay 推荐的文章里有提到这方面内容。举例来说，Google Play 的 ICON 要求使用小圆角，这点与 iOS 的大圆角有区别；上传 GooglePlay 的商店视频中，如果有出现 Pad 或手机等移动设备，一定不能太像 iPad 或 iPhone；安卓手机系统的返回键需要在游戏中有后退功能，其作用应等价于游戏界面中的关闭以及返回按钮；关于手机权限申请，如果在游戏启动时需要申请某项手机权限，一定要向玩家说明申请该权限的理由。

9.5.3　手游全球同步发行的项目管理重点

从手游全球同步发行各阶段的工作介绍来看，这类产品有以下特点：

第一，更广的市场覆盖范围。相比于单个海外市场，要综合考虑更多海外市场的特点。

第二，更早的国际化开发规范。相比于国内上线后再制作海外版的模式，项目前期就要遵守国际化开发规范。

第三，更快的海外发行节奏。相比于每隔数月发行一个海外版的模式，全球各地的版本几乎是同步发行。

基于上述特点，其项目管理应重点关注以下几个方面：

第一，在立项之初，针对集中办公、SVN 管理、UI 等制定适合全球发行的项目管理流程。

第二，协调项目组与国外创作人员按照高效的方式合作。

第三，提高文本翻译工作效率和质量。

第四，配合法务帮助项目组规避国外法律风险。

第五，上线前为 APPStore 和 GooglePlay 的推荐预留时间并确保相关工作高效开展。

第六，协调项目组控制内容外放的速度。

9.6　总结与展望

随着国内游戏审批主管部门对版号审批日趋严格，深耕海外市场已经成为大型手游厂商必然的战略选择。在这样的背景下，本文首先就海外发行项目的多种发行模式、开发模式、翻译模式进行了概述和对比；随后，就产品线、技术线和测试线介绍了海外发行项目的主要工作内容；最后，从研发团队产品 PM 的视角介绍了海外发行项目的管理要点。需要强调的是，

网易在海外发行项目尤其是自主发行方面所积累的经验远远少于在国内自研项目方面所积累的经验，这对项目管理工作也是一个挑战，但同时也为项目管理的创新和改进预留了广阔的空间。在立项之初制定国际化的项目研发规范，提高项目组与国外创作人员的协作效率，梳理一整套规避内容风险的知识体系，等等，都是项目管理工作中极具挑战和意义的课题。

10 项目管理中的数据分析与度量
Data Analysis and Measurement in Project Management

10.1 数据分析的作用

10.1.1 数据分析是有效的项目管理工具

在项目整个生命周期中，风险无处不在，对于风险的监控和处理是 PM 工作中非常重要的部分，数据分析是多维度项目监控的一种方式，它能够帮助 PM 及时发现问题和风险，及时应对。此外，在与项目干系人沟通时，数据分析能够帮助 PM 清晰地展现客观而准确的项目情况，提高沟通效率。为了更加直观地阐述数据统计分析的特点，我们来看以下案例：

◆ **案例 10-1**

还有 2 个月就要进行对外渠道测试了，产品经理对于团队是否能够按期在 4 周内开发完毕需求，从而顺利地通过测试有担心，向 PM 确认进度，PM 如何回答？

（1）"（我觉得）开发不完，一直有需求插入，每周也有需求单延期（没有做完），有风险。"

（2）"这次测试最重要的 4 个副本系统，根据目前开发进度来看，责任程序预估还需要 6 周时间，超过了我们测试规划时间，有非常大的风险。"

（3）"根据目前开发数据来看，每周速率是 50 人天，每周有新增需求 10 人天，我们想要在 4 周以后做完，需要将剩余需求控制在 150~200 人天，现在已经有 300 人天，需要至少减掉 100 范围的内容；或者，需要至少延期 2 周。"

回答"1"存在两个问题：①结论偏主观，对于缺少工作经验和专业知识的 PM 新人而言，这类偏向 PM 个人主观感觉而无其他佐证支撑的观点较难让产品经理信服接受；②只阐述了问题（有延期风险）而没有给出解决方案（建议），如果有风险问题，PM 是需要站在"快速解决风险问题"的角度去处理工作的，因此，"问题"和"解决方案"在 PM 的工作中往往成对出现的。

回答"2"是大多数 PM 在处理里程碑完成时间估算时一种较为常用的方法，计算关键路径所需要的时间以此得出项目里程碑最后完成时间。这是一种关注重点任务的进度管理方式，但是它也有一定的适用范围，在人力紧张，需要全面充分运用所有人力资源的项目中，这种估算方式可能没有考虑到部分人力并未充分利用的情况。

回答"3"则是从团队整体估算出发，它是一种充分运用所有人力资源的估算，给出了详细估算数据。除此之外，回答"3"还针对风险（无法按时完成既定目标的原因以及客观结果）提出了对应的解决方案。这是数据分析在项目进度管理中应用的具体体现。

◆ **案例 10-2**

开发中期，团队加班严重，成员状态低迷，时有病假和事假，作为产品 PM，你想和产品经理进行沟通探讨应对解决方案，该如何沟通？

（1）"持续加班较长时间了，成员状态都不好，感觉效率并不高，是否考虑周日的加班取消？"

（2）"根据最近的开发数据显示，虽然需求都在周版本提交了，但是 Bug 增多，缺陷密度（一种质量数据，后文有详细介绍）一直在增加，以前是 0.1，现在是 0.3，算下来，加班的时间基本都投入到挽救质量上了，绝对进度和以前差不多，是否可以考虑减少加班，转为 9-10-6（以前是 9-10-7），让成员有更好状态以此提高效率到以前状态？"

回答"1"笼统而主观性强，缺乏说服力。此外，针对于 PM 想要解决因为加班严重带来的状态低迷，需要切中要害"产品经理的需求是什么？为什么团队要加班？"

加班的本意是为了加速产品进度，而当通过数据统计发现，加班的绝对效率和不加班时差不多（甚至更少）时，它的必要性已经不存在；除此之外，加班还可能带来负面情绪，对于团队稳定性会产生隐患。

因此，在回答"2"中，PM 整理现有开发数据发现加班效率降低，无法提高团队产能后，向产品经理展示客观数据，并且提出适当减少加班以此提高团队效率，调节团队状态。相对于回答一，这是否是更加容易和产品沟通并达到预期沟通效果的回答呢？

10.1.2　小结

数据分析为 PM 工作提供客观、清晰和具有说服力的数据，有助于 PM 快速切入团队工作，协助产品进行项目监控和决策；也有助有于多维度、全面监控项目的执行，及时发现潜在风险并且快速应对。以上两个案例是通过具体事例和对应的不同回答内容，展现出数据分析在问题分析和与人沟通时的特点和优势。

10.2 基于易协作的数据分析介绍

10.2.1 数据分析的主要关注点

项目管理中的 4 个要素：时间、范围、质量和成本组成了"黄金三角"（图 10-1），

图 10-1 项目管理黄金三角

在数据分析中，我们也聚焦在这个"黄金三角"上，具体为以下三个方面：

- 进度（时间 / 范围）：开发的进度、速率等；
- 质量：代码质量、包体质量等；
- 人力资源（对应为部分成本）：人力分布，是否有缺口、瓶颈等。

进度统计分析可以是：

- 分角色分阶段的部分统计；
- 按功能、按面向玩家模块的全流程统计。

前者适用于颗粒度较小的进度效率统计，容易做到数据的精确化；后者适用于整体里程碑把控，但是颗粒度较大，随之而来数据的及时性和准确性就会降低。总的来说，从监控和解决瓶颈点的角度出发，日常项目监控更多采用前种方式。当然，将每阶段统计后整合为全流程统计数据也是一种方式，不过相应要求的流程梳理以及各阶段数据归一化是难点。进度统计分析的主要关注点在于，团队开发的进度是否按照计划完成，团队整体效率是否正常。

在质量统计分析中，我们这里讨论的是由 QA 负责的代码包体质量（Defect Free），而不是策划负责的品质（Quality）。在质量的监控中首先需要明确，质量的监控是通过尽量暴露游戏中的潜在 Bug 并且修复它们以此提高游戏包体整体质量。因此，单纯追求好看的 Bug 数据是不可取的，例如：Bug 数量少可能是潜在缺陷没有被发现。基于此，针对于质量的数据分析也需要确定其前提，例如，用 Bug 数量表征包体质量的前提是，一段时间内的质量标准是相同的，其 Bug 发现率不变——在此前提下越多的 Bug 才表明越差的质量。

在人力资源统计分析中，PM 需要基于人力数据的分析统计，对于现有和未来可能出现的人力风险进行及时反馈和解决。其中主要关注：（1）目前总体人力是否能够完成里程碑目标；（2）各角色人力相互比例是否是能够满足产品开发需求的，不会由于某一个角色的人力配比失衡成为开发瓶颈点（木桶原理）。

10.2.2 基础单位

在网易互娱游戏开发的项目管理中，很多开发数据会从我们的开发流程管理软件中得来——易协作。经过几个版本的迭代，易协作已经是一个集版本管理、任务派发流转以及开发数据汇总的综合项目管理平台。在接下来的内容中，我们会主要基于易协作进行常用数据介绍。易协作的基础统计单位主要为单量（即任务单数量），例如：

- 总需求单量：针对于进度统计；

- 总 Bug 单量：针对于质量统计；

但是，这样一维的数据对于信息阐述比较单薄，让我们先来看看下面两个案例：

◆ 案例 10-3

请判断一下项目 A/B 团队在相同时间条件下，哪一组的负载更大，以此看团队的工作压力？

当给出第一个数据（图 10-2）——当周完成总单量，我们可能看到饼状图中项目 A 的负载量远远大于项目 B。但是这里缺少了一项重要数据：项目人员数量。在判断团队负载的时候，人均的负载量（＝工作总量／人员数量）才是更具表征性的数据。因此，我们进一步收集团队成员数据（图 10-3），最后得出了和前文完全相反的结论：项目 B 的负载明显大于项目 A（图 10-4）。

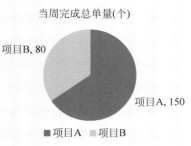

当周完成总单量(个)

图 10-2　完成单量

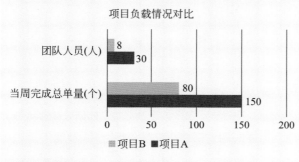

图 10-3　单量和人员数

人均负载(个/人)

图 10-4　人均负载

◆ 案例 10-4

请分析一下项目 A 在不同周的周版本完成情况？

通过第一张数据图（图 10-5）可以看到，两周完成单量相等，但是当周是否完成了既定目标？当我们再获取另一项数据：当周计划单量（图 10-6），用完成率（＝完成单量／计划单量）去定义周版本完成情况时，就可以看到（图 10-7），虽然完成单量一样，但是周版本完成情况上面，第一周要好于第十周。

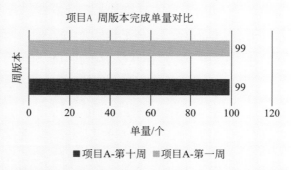

图 10-5　周版本完成单量

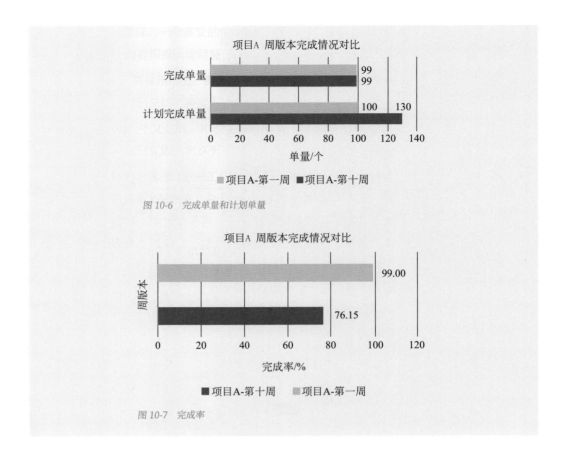

图 10-6　完成单量和计划单量

图 10-7　完成率

这两个案例都想要阐述一个观点：单一维度数据表征的信息较为单薄，可能误导分析，为了更为准确的分析，PM 可以尝试采用多维数据去丰富项目情况展现。

在本章节后续介绍中，我们将以非单一维度数据为主，对易协作现有常用数据类型分三类进行详细介绍。

10.2.3　计划类

计划类数据统计主要是针对于计划完成情况的一类统计，主要包含完成率和变更率。它是表征项目开发情况最基本和重要的数据，易协作对于这类数据也有完备的统计。下面介绍完成率及变更率的定义以及图形化数据。

$$完成率 = 完成单量 / 计划单量 \times 100\%$$

完成率用来表征既定目标的完成情况，现有易协作周报会对周版本开发单的完成情况的进行统计，并生成图表，供项目组人员使用如下（图 10-8）。

$$需求变更率 = 移入移出单量 / 总单量 \times 100\%$$

需求变更率表征需求的稳定性（图 10-9）。对于移入和移出的概念，是建立在周版本会锁定的前提下的，这意味着需求变更率的统计和管理，是在团队对于周版本已经达成了需求管理共识的基础上才能够进行。值得额外注意的是：需求稳定性是项目良好表现的一个表征方面，并不是无条件需要去达到的目标，流程是需要根据团队实际开发情况而制定，目标是使团队高效健康运转，完成项目开发目标。

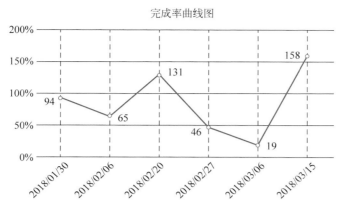

图 10-8　完成率曲线

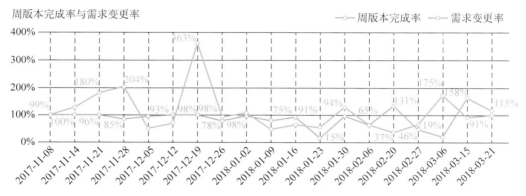

图 10-9　周版本完成率与变更率曲线

10.2.4　效率类

效率类数据能够反映团队的开发工作状态、负载，是能够用于监控项目状态的一类数据。

人均单量 = 总单量 / 总（程序）人数

表征需求负载度，团队的实际工作压力；

缺陷密度 = 产生的 Bug/ 与之对应的开发量

缺陷密度是我们监控项目质量、度量程序效率的一个重要数据，从不同角度出发，它能反映的表征的内容也可以是不同的。例如，在了解项目整理质量的时候，（假定 QA 团队的 Bug 发现率不变，如前文所提），则缺陷密度越高，项目质量越差；从度量程序效率的角度出发，一个功能完成花费程序的时间不仅仅是到代码提测截止，而是需要再加上修复 BUG 所花费的时间，此外，一个功能开发质量越差，花费的 QA 测试工作量就越大，因此，我们需要对于程序的开发质量进行评估，这也是对程序开发效率的一种评估方式。易协作的缺陷密度计算也是基于单量完成的统计，其计算公式为：

缺陷密度 = 新增 Bug/ 完成单量

对应的数据化图例如下（图 10-10）

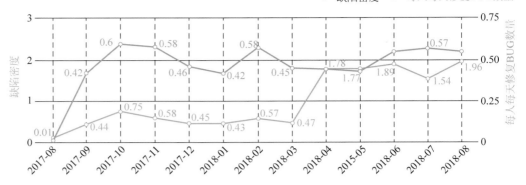

图 10-10　周版本质量曲线

粉色曲线即为缺陷密度。结合上文提到的，可以看到在此项目的 3~4 月，缺陷密度陡增。但是对于此数据变化进行分析的时候，不要简单地认为这段时间质量变差了，因为，只有在基于"QA团队的 BUG 发现率不变"的前提条件下，这个数据的跃迁才能表征包体质量变差。但是实际情况是，由于此项目在 3 月完成了上线版本里程碑内容后，整体质量标准提升，因此"发现"的 BUG 数量陡增。所以准确来说，此项目 3~4 月的缺陷密度陡增的原因是"QA 团队发现的BUG 发现率变化"了。

10.2.5　趋势类

趋势类数据是同一类型数据在不同时间段的状态记录，是监控团队状态最主要的一类数据。我们通常可以从纵横两个维度去分析这种数据，纵向：本项目在不同时间维度的状态变化；横向：不同项目在同一时间的状态对比。

1. 周版本结束时间（图 10-11）

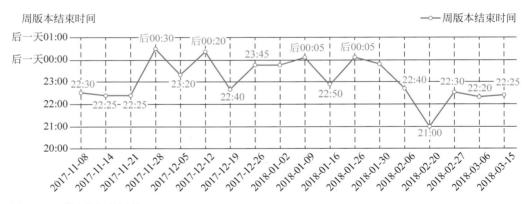

图 10-11　周版本结束时间曲线

周版本结束时间状态图，是一个结果数据，在有版本打包机制的项目中，版本结束时间，能够综合反映周版本开发情况。举个例子：一个项目周版本结束时间（多次）在凌晨 1 点，那（周版本机制）一定是有问题的。这时，PM 应该去深入探究此问题，例如团队开发负载量是否超过实际可承载量？项目人员状态是否有问题，是否需要快速介入和解决？周版本流程设计是否存在问题，造成周版本结束晚的具体瓶颈点是哪里，如何解决及改善？

2. 周版本状态分布图

周版本状态图是开发情况的跟踪，记录周版本内各时间点看板各环节任务单的数量（未提测／开发完成待测试／测试中／关闭等）。由于包括多项数据的状态记录，它承载的信息也就更加丰富。例如，从图 10-12 中：

- 红色：表示还未提测任务单数量；

- 黄色：表示提测但未进入测试的；

- 蓝色：为测试中任务单量；

- 粉色和紫色：表征测试完毕但是还有 Bug 待修复或有阻碍性问题导致无法测试的；

- 绿色：即为完成整个开发和测试流程关闭的单量。

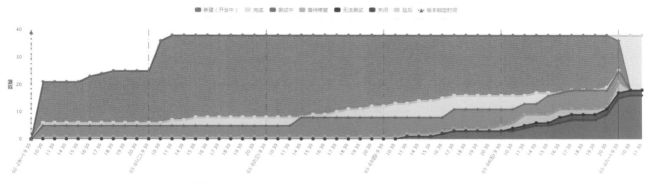

图 10-12　周版本分布图 1

这个图是我曾经接手的某个项目组初始时，它的当周的一个周版本状态分布图。

◆ **案例 10-5**

从图 10-12 中各颜色模块，作为 PM，可以分析出哪些问题呢？

程序开发有问题：黄色区域（表征开发完成单量）整个周版本增加非常缓慢；

QA 测试有问题：蓝色区域（表征测试中单量）的变化非常缓慢，反映出测试速率也不高；

计划有问题：红色区域整个周版本占比庞大，减少缓慢，到了版本末，被迫将近 50%
的未完成任务单进行延期，表明工作量的安排不合理。

通过对于周版本状态分布图的简单分析我们已经可以非常明显地看到此项目组的周版本问题，PM 此时就需要快速介入，针对这些问题，深入分析产生的原因，并谋求解决方案。具体的解决方案可能会涉及周版本需求量、任务流程节点控制和整体周版本验收等，但是由于每个项目的具体情况都是有差异的，具体问题症结是什么，应该采用何（多）种方案应对都会有差异，这里就不详细展开介绍，有对周版本控制有了解需求的，可以查看 KM 中项目管理的各种沙龙分享、文章总结以及自主改进奖等。

看罢一张"极其糟糕"的周版本状态分布图后，我们来看一下另一个项目的情况（图 10-13 ）。蓝色的箭头表示的是版本锁定时间（一旦锁定后，就只允许有特殊权限的人员往此版本增加新单）。可以看到：

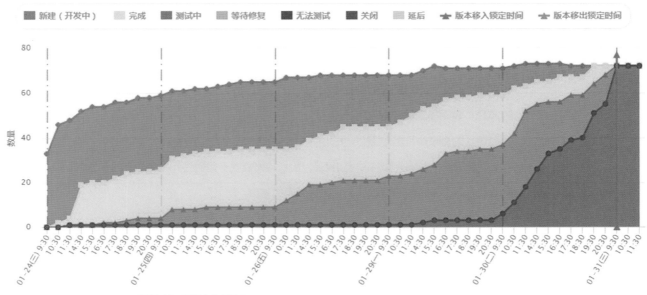

图 10-13　周版本分布图 2

● 周版本计划有序完成：无延单，周版本目标完成；

● 各环节顺畅：各色块曲线在周版本内都是较为均匀上升；

● 项目开发各环节自运转：版本锁定的时间如此靠后，各环节工作仍然流畅有序，需求可控。

其实关于版本锁定时间是一个"意外"，项目组的实际版本锁定时间是版本开始的第二天（而不是最后一天），但是这一周由于系统故障，版本锁定功能坏掉，但是即使如此，我们可以看到项目组的需求仍然可控，大量需求的增加在周版本第一天已经完成。这个例子也包含一个非常想和大家分享的观点：用流程去规范团队开发的必要性——当团队适应后，即使没有外部约束（管理），团队也能够按照规则自运转。PM 需要将工作朝这个方向着力，因为流程不仅能够提高团队效率，释放 PM 时间，更加重要的是，它是保证团队能够长期稳定运转的方式，PM 不能永远是一个"救火队员"，一次次地解决（有可能发生的问题），而是需要构建保证这些问题都不会发生（或一直处于可控范围）的流程，帮助团队成长。

3. 燃尽图（扩展）

燃尽图（Burn down chart）是敏捷开发经常提到的度量工具，它是对于项目（剩余）工作量在不同时间进行记录的趋势类数据。

燃尽图记录的是当前时间点下剩余的里程碑工作量。一般地，它是一条随着时间变化的曲线，当曲线与 X 轴交汇的点即为里程碑完成的时间点，如图 10-14。此外，燃尽图还有另一种记录方法——Burn up chart，如图 10-15，可以看到，它有两条曲线分别记录"里程碑累积所有工作量"（蓝色折线）和"当前累积完成工作量"（红色折线）。相较于前图，Burn up chart 将需求的变化也呈现出来，对于需求时常变化的游戏开发项目管理来说，它是更加适合的进度监控和度量工具。

在网易互娱的项目管理中，也有采用燃尽图进行进度度量和项目监控的成功案例（图 10-16）。图中的红色虚线是基于现有开发速度的趋势预估，它与蓝色虚线交汇的时间点，即是里程碑预估完成的时间节点（这里的统计粒度是周版本）。如果预估完成时间点晚于预期要求（即会延期），项目可以及时进行调整：范围不变，里程碑节点延期；或者节点不变缩小范围，调低部分需求优先级。

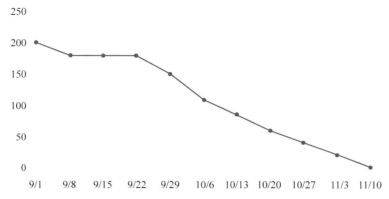

图 10-14　*Burn down chart*

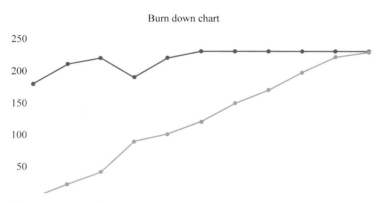

图 10-15　*Burn up chart*

图 10-16　*项目燃尽图*

10.2.6　小结

本节首先介绍了日常项目管理数据分析的基本单位——单量，接着便以易协作数据为基础，分 3 类给介绍 6 种基础数据和 1 个扩展介绍，这些是 PM 在最频繁用到的数据，对于项目管理也有诸多用处。当然，作为项目开发工作平台以及项目管理重要数据收集和统计平台，易协作一直在不断扩充和优化数据统计这一模块，更多有用的数据待大家自己去学习探究。

10.3　数据分析的一些实践举例

10.3.1　周版本开发进度分布

前文介绍了数据分析的必要性以及基于易协作的基本数据统计类型，本节会在此基础上，分享作者在项目中的一个数据分析实践案例——在项目进行周开发进度分布统计，希望能够对大家在进行数据分析拓展有一定的借鉴引导作用。

案例中的项目是一个战术竞技游戏项目，需要在短期（2 个月时间）完成最小上线版本的开发和打包，当时项目面对的环境主要有以下几个特点：

● 外部竞争压力巨大，竞品及其公司表现强势。

● 内部开发团队是在短期快速组建，人员众多且能力参差。

● 全新游戏模式，各项流程和质量标准待确立。

诸多项目问题及紧张的工期，使得项目团队开始在正式立项时即开始 9-10-7 工作节奏，以此加速产品开发和输出。具体地，项目进行严格周版本流程如下（图 10-17）。

图 10-17　周版本时间规划

在加班的前期，开发时间的伸展（从一周 5 天延长到 7 天）确实对于团队的输出起到了有效而关键的作用，在初始的 2 个月中，项目组最高达到了 70 个模块在 2 个月的并行开发和验收，项目组也在 2 个月内完成了公司目标——完成最小上线版本。在 PM 对于程序月度开发效率的统计也可以看到（图 10-18），高强度的加班初期，程序的投入度（= 开发单花费人天 / 当月可用人天）基本达到顶峰，表明程序负载和实际输出在这段时间突飞猛进。

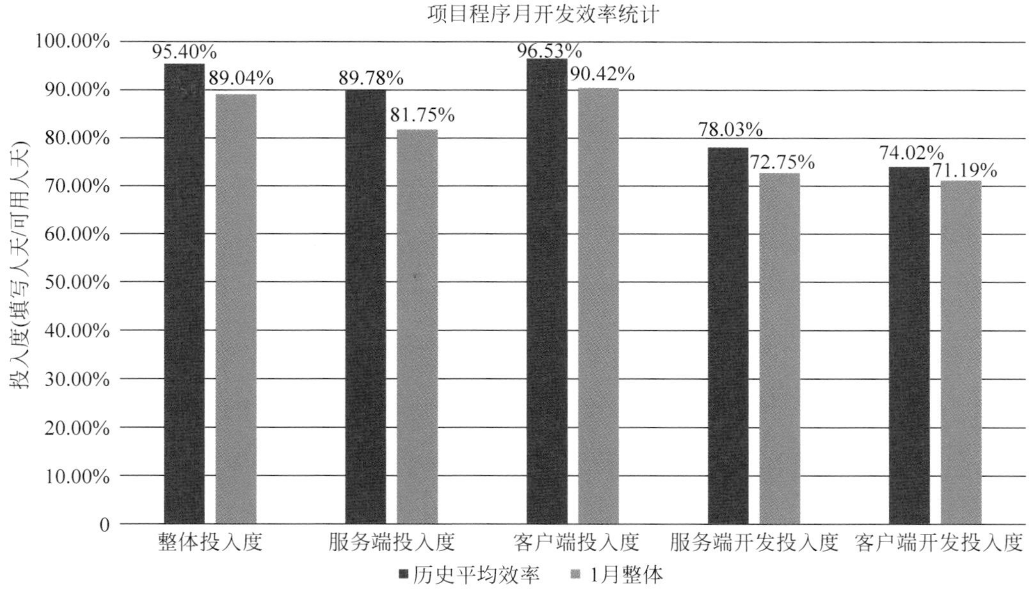

项目程序月开发效率统计

图 10-18　程序月开发投入度 1

但是，在此高强度的工作下，随着时间的推移和项目的推动，管理团队想要在现有易协作数据基础上，多一个维度了解项目开发情况，具体包括：

● 加班状态下的效率分布；

● 各角色整体工作有无提升空间或者瓶颈。

以此了解和评估各环节（角色）的工作效率以及周版本各天的绝对效率。基于此，PM 从易协作取样多周开发数据，分别对于程序、整体环节以及 QA 工作进行了统计。

在程序方面，我们分析周版本任务单提测数量的分布（图 10-19）且得出结论：

● 提测的任务单分布比较均匀，不会有"头小尾大"的情况，因此说明整体比较健康；

● 周六开发效率较低：由于周一上班是有提测要求，周日会因为期限影响，提测任务单数量上升，周六便成为了效率最低的一天。

项目组A 程序提测分布

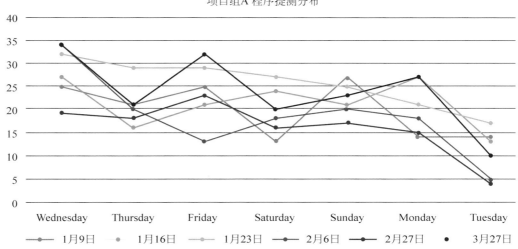

图 10-19　程序周版本提测分布

在周版本整体工作方面，我们统计任务单在周版本内各天关闭的数量分布（图 10-20），并得出结论：

- 周六效率最低：与程序开发数据分析的结论相印证，包含了 QA 和策划在内的整体任务单工作和关闭时间分布，也显示出，周六的效率最低；
- 整体关单分布有优化空间，希望分布曲线左移。

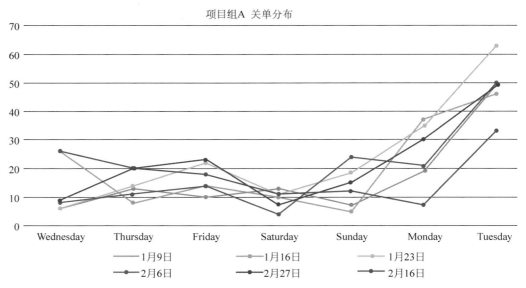

图 10-20　周版本关单分布

结合这两组数据和 3 月程序开发效率数据（图 10-21），PM 认为目前由于高强度加班使得团队成员出现疲乏，导致周末两日加班的效率不尽人意，且长此以往，项目存在较大的人员隐患（团队氛围，成员身体情况等），因此建议降低加班强度。

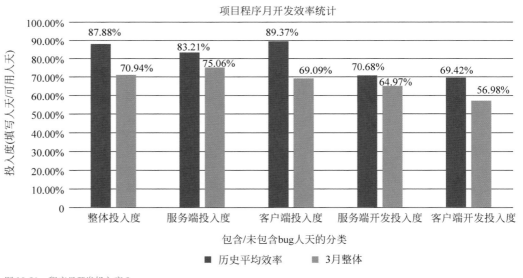

图 10-21　程序月开发投入度 2

在 QA 方面，我们分析周版本任务单"测试等待时间"，由于 QA 的测试整个流程需要程序配合修复 BUG，因此测试单的测试完成时间、整体花费时间都不是一个很好度量 QA 实际工作的数据，这里用"一个单从提测到被测试的等待时间"，来查看 QA 的工作负载和效率（图 10-22），并得出结论：

- QA 测试响应速度需要进一步提高：根据产品期望和 QA 主管评估，等待在 0~2 天内是可接受程度。

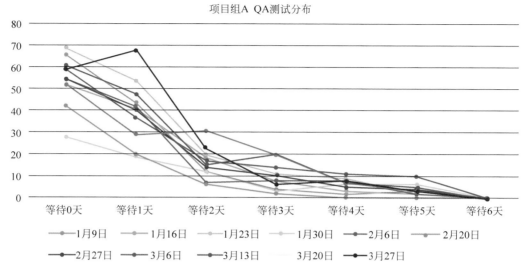

图 10-22　QA 测试等待时间

在这个问题的基础上，我们进行了深度分析发现了响应不达标的主要原因是 QA 人力存在缺口，工作量大于实际可承载量，如果需要按照产品标准执行，则需要进一步增加人力。

经过三项数据的统计，并且与各主管进行沟通讨论，最后项目决定

- 考虑到整体项目整体开发量下降，且团队效率降低，项目工作时间从 9-10-7 改为 9-10-6（并且在 2 个月后，调整为正常的 9-6-5）。

- QA 因为存在人力缺口到导致测试响应不达标，项目着手补充 QA 人力以保证正常的测试响应。

10.3.2　人力风险管理

项目中的人力管理从某种层面来讲也是一种成本管理，人力风险随时可能转化为进度或质量风险（问题），因此 PM 如何参与项目团队的人力管理，及时发现项目人力风险并解决，也是值得挖掘和探讨的。

◆ **案例 10-6**
在一个将服务端客户端开发严格区分并且分划程序的项目中，下一阶段里程碑规划完毕后，PM 将其工作量比和现有服务端、客户端、开发程序人力配比进行统计对比，发现项目中的服务端人力风险：
后续里程碑初步排期已经完成，从预估来看，服务端与客户端工作比接近 1:1；
当前里程碑已完成内容统计来看，服务端与客户端工作量接近 1:1.5；
现有服务端与客户端人员比例接近 1:1.7；
结论：基于现有项目服务端人员 X 名，客户端程序 Y 名，为了保证里程碑开发按期进行，项目组有 Z 名服务端人力缺口，需要尽快进行补充（客户端转服务端、借调或者招聘）；
否则项目开发进度会受到影响且客户端程序会有空置的风险。

PM 将这份风险在主管会议中提出，管理层讨论后决定进行服务端人力招聘以补充人员。由于人员招聘需要一定周期，人员到组后也需要一定上手时间，因此，本次人员风险的预判很好地帮助项目组提前发现和解决问题，及时增补服务端人员，项目的里程碑进度没有受到影响，客户端程序也没有出现空置，项目组整体保持高效稳定输出。

从以上案例可以看到，数据分析能够很好地辅助 PM 进行项目人力管理，并逐渐提升其管理能力和时间辐射范围。具体的实施中，对于不同角色是否出现人力缺口（或盈余），统计分析的方法可能会存在差异，这是由各角色工作方式和对于其他环节依赖程度决定的。具体采用什么方式进行人力配比统计因角色而异，因统计人的习惯 / 选择而异，但是万变不离其宗的是：所有人力缺口（或盈余）的计算都是以"能够完成项目计划，能够使各环节相互配合、高效运转、环节不成为瓶颈点"为目标。

10.3.3　小结

本节分别介绍了"周版本开发进度分布"和"人力风险管理"两个有关数据分析的案例。通过案例可以看到数据分析统计在项目管理中有广阔的实践空间，对事物（务）度量测算会帮助我们更好地发现、分析和解决问题，为过程管理、风险识别提供助力，我们可以从发现和解决问题出发，以结果为导向进行实践。

10.4　总结

关于数据分析在项目管理中实践的具体介绍中，本文首先通过情景案例阐述了数据分析对于 PM 快速获得产品团队授权和认可，对于产品团队多维度监控项目状态都是十分有效的工具；并对数据分析实践的主要关注点进行了介绍。紧接着本章介绍了易协作现有的项目常用数据，对于其定义以及适用场景进行详细讲解。最后，对于更广维度利用数据分析进行项目管理的案例，文章以拓展内容的方式，进行了较为详细的介绍。

数据分析是项目管理的有力工具，想要运用它，首先需要获取数据。这些数据是从项目开发中客观存在的内容，PM 需要做的就是想办法收集，而易协作就是最大的采集源，因为它是开发团队的工作流程工具，几乎所有的工作任务都是通过易协作任务单来进行流转。

在获取数据后，需要用合理有效的工具对于数据进行提取、统计和分析展现。随着易协作平台的完善，越来越多的数据统计展示已经集成到平台形成一体化，在此基础上 PM 若还有想要更多维度统计了解的，可以借助其他统计工具进行数据处理，Excel（VBA）等都是非常好的选择。

值得注意的是，数据分析是管理工具而不是目的，PM 需要客观采集和分析数据，从事实数据中去了解项目状态、发现问题继而提出相应解决方案，而不能为了证明个人观点去"奋力"寻找对此观点有用的数据，本末倒置。另外，很多数据的获得并不是一蹴而就的，是需要开发流程配合的，例如，想要统计准确的需求变更率，就需要以"严格周版本"流程为基础。因此，新进入一个项目组，PM 可以立足于脚下，基于现有环境进行统计数据，了解项目开发状态，发现潜在问题，再进行解决的流程优化，形成数据分析 -> 发现问题 -> 改善流程的良性循环，不断推动项目前进，形成一个类似 PDCA（PLAN-DO-CHECK-ACT）的管理循环（图 10-23）。

图 10-23　数据分析方法图

11 敏捷特性团队管理
Agile Team Management

11.1 背景

Scrum 里面一个重要实践就是敏捷特性团队，我们来看看在网易互娱这边，我们是如何组织敏捷特性团队 & 敏捷项目团队，本章将重点介绍其特点、角色、组建以及内部管理方法。

11.1.1 敏捷特性团队和敏捷项目团队定义

敏捷项目通过增量开发进行交付。敏捷项目团队由参与项目开发的所有人员组成，包括但不仅限于策划、程序、美术、QA、UX、PM 等。比如《梦幻西游》手游开发团队。

特性是指从产品最终用户的角度看，对最终用户有价值，最终用户能够感知到的内容。比如《梦幻西游》手游社交系统，阴阳师某个式神，更通俗一点来说，特性在大部分情况下约等于需求。敏捷特性团队是指跨职能、跨组件的团队，能够从产品开发列表中抽取并敏捷完成最终用户想要的特性，且为共同实现该特性为建立目标。

敏捷特性团队至少包含策划、程序、QA 三个职能，UX、美术等职能有时直接参与到特性团队，有时作为辅助职能，具体视特性对之依赖程度。比如《梦幻西游》手游社交系统开发团队，阴阳师姑获鸟开发团队。

11.1.2 敏捷特性团队和敏捷项目团队关系

在解释敏捷特性团队和敏捷项目团队关系前，先引入 Scrum of Scrums（见图 11-1）的概念。

Scrum of Scrums（以下简称 SoS）可类比以团队为规模的 scrum。差别在于 SoS 由一些独立交付的 Scrum 团队组成。

底层的 Scrum 团队以特性团队方式组织，它们是敏捷特性团队。由 Scrum 团队组成的更上一层的团队就是敏捷项目团队（Scrum of Scrums）了。

图 11-2 以某手游项目为例进行示意。团队分为两层，第一层是整个敏捷项目团队（包含众多特性团队），重点在多特性团队管理与协调；第二层是敏捷特性团队，重点在敏捷特性团队内部管理和使其可以独立交付，两者的关联与区别如下：

图 11-1　Scrum of Scrums 示意图   图 11-2　某手游项目团队的 Scrum of Scrums 示意图

（1）敏捷特性团队跟敏捷项目团队比较，一般团队规模较小，开发范围较少，目标单一。

（2）敏捷特性团队是敏捷项目团队的一部分，实现项目团队一部分目标。

（3）敏捷项目团队可以且一般同时存在多个敏捷特性团队。

11.2　敏捷特性团队

11.2.1　敏捷特性团队——特点及目的

敏捷特性团队有三个特点：

（1）每个团队独立交付一个特性，目标明确。

（2）内部自主工作，可以有独特的规则和流程。

（3）内部沟通效率更高。

敏捷开发关注迭代开发，尽快交付，要求拥抱变化。

因为如上三个特点，特性团队的组织方式与敏捷开发非常契合，将项目交付分散在各个团队独立进行，更好保证交付。

11.2.2　敏捷特性团队——角色

1　交付负责人：相当于
　　敏捷中 Scrum master
　　（SM）。但在由策划
　　担任 SM\QA 的特性团
　　队中，一般不需要担负
　　教练相关的职责。教练
　　职责主要由 PM 担任。

2　需求方：相当于敏捷中
　　product owner（PO）。

敏捷特性团队中有三种角色：交付负责人[1]，需求方[2]，成员。

交付负责人（Scrum Master，简称 SM）：带领确定特性团队开发计划，跟进并根据实际情况调整。特性团队中团队负责人可以是 PM，策划，QA。从项目角度，一般会组织特性开发，交付负责人可根据已有人力资源确定计划，如有风险跟 PM 沟通解决。

需求方（Product Owner，简称 PO）：给定特性完整和分阶段需求列表和优先级，由策划担任。

成员：其余参与开发的团队成员

11.2.3 敏捷特性团队——组建

组建特性团队不是容易的事情，尤其在没有试过特性团队的项目团队，正如俗话说万事开头难。以下列举 PM 组建特性团队的几个步骤：

/ 判断是否适合组建特性团队：

Demo 阶段内容耦合性很高，难以独立区分特性，一般不需要组建特性团队。因 Demo 阶段人员少，也不需要通过组建特性团队解决大型团队问题。例如，一个 MMO 项目 Demo 阶段目标是完成一个主角在加入一个门派完成一个副本战斗。此时，主角、门派、副本、战斗互相耦合，无法分离特性，无法独立交付。若以整个 Demo 目标作为特性，这个特性太大，且因团队规模可控没有这样特意定义特性的必要性。

建议进入 Alpha 中期，核心玩法比较稳定时再考虑组建特性团队。比如一个 MMO 游戏在 Alpha 前期，主要在开发一个门派、大地图、一个副本和战斗系统。这些内容耦合性强且核心玩法未开发至标杆版本，容易牵一发而动全身，不适合组建特性团队，建议等核心玩法比较稳定时再考虑。

耦合性低的系统或者功能比较适合通过特性团队开发和管理。如果项目目前各个功能耦合性很强，需要先进行解耦。部分团队因底层架构或者游戏类型，可能较难进行解耦，这些团队不利于组建特性团队或者需要花较大成本处理依赖问题。

/ 内部访谈，了解重要干系人意见：

至少了解产品经理、主策、主程、主 QA 对特性团队是否支持。

若采取特性团队，以上职能负责人主要关注于人力资源在各特性团队的调配和专业培训。

/ 明确特性团队目的：

确定该特性团队要独立交付的内容。

/ 确定团队人员：

确定团队成员。为独立交付该内容，识别需要

参与开发的职能，并与职能负责人沟通确定人选。一般来说至少包含策划、程序、QA。部分职能成员可以同时参与多个特性团队，比如美术、UI。

确定需求方。如果一个特性由多个策划负责，需选定一人作为负责人。

确定团队负责人。运营团队可以由策划或 QA 担任交付负责人，PM 统筹各个特性团队、管理项目团队。由于网易游戏推行"策划责任制"，即策划对按时按质量交付负有责任。策划同时担任团队负责人和需求方与"策划责任制"呼应。部分团队的团队负责人可由 PM 担任，但 PM 同时负责各个特性团队和项目团队工作量较大，难以深入管理。具体选择视实际情况而定。

/ 保证团队尽量稳定：

开发周期内尽量避免调整团队组成，稳定的团队可以提高效率。

如果批量开发同类型特性，优先考虑由稳定的团队持续开发。

/ 控制特性团队规模：

从架构上考虑，团队成员并非向团队负责人汇报。

团队负责人管理团队是兼职担任的，本身有具体的职能工作。

一般一个游戏特性的开发成员不会过多。规模过大的团队应考虑负责的特性是否需要再拆分，进行解耦。

团队过大，沟通成本变高，效率变低。

- 所以，需要控制团队规模。一般来说，手游特性团队规模为 4-10 人。
- 例如一个普通坐骑特性团队，一般只需要策划 1 人，程序 1 人，美术 1 人，QA 1 人，共 4 人。
- 或者一个节日活动特性团队，一般需要策划 1 人，前后端程序各 1 人，UI、GUI 各 1 人，QA 1 人，营销 1 人共 7 人。

/ 解散 & 重组

特性完成开发后，特性团队会解散，成员会重新进入新的特性团队。

11.2.4 敏捷特性团队——内部管理

现在开始具体讨论特性团队内各成员具体职责、基本流程和管理思路。但因为每个团队实际情况不同，具体职责、流程等也会有所出入，以下是特性团队比较成熟的项目参考，具体可以根据实际情况进行裁剪。

1　因公司推行"策划责任制"，绝大部分特性交付负责人为策划，所以下文默认团队负责人为策划。

/ 特性团队成员具体职责[1]（见图11-3）

值得一提的是，这里 PM 只担任教练角色，提供基本流程、工具，协助团队解决依赖，进行监控，具体执行工作更多让团队其余人员处理。

策划作为团队负责人，需要组织确定、跟进计划，优化内部流程，上报风险，组织沟通。

策划作为需求方，确定团队周期内具体工作，明确目标。

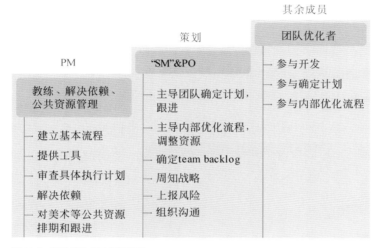

图 11-3　特性团队成员具体职责

/ 特性团队沟通机制（见图11-4）

一个团队沟通机制十分重要，每项沟通都要有目的有规划。缺少定时有效的沟通会导致信息不对称，职能等待，降低效率。冗长、无效的沟通浪费时间，影响效率。

特性团队内沟通主要由策划发起和主导。

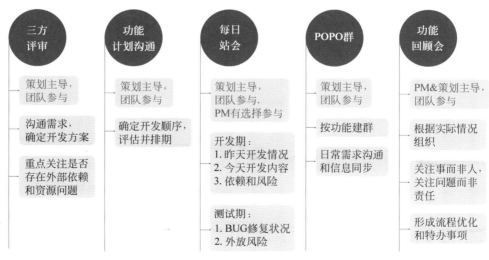

图 11-4　特性团队沟通机制

策划作为交付负责人，组织进行每日站会，功能计划沟通、功能回顾会。

策划作为需求方，组织进行三方评审、组建POPO 群。

因为策划身兼两职，对团队把控力更高，有助于进行沟通。

前四类沟通都比较好理解，这里重点讲一下功能回顾会。

功能回顾会（见图 11-5）不是固定组织，一般是重大系统交付后或者某内容交付过程中有值得反思、总结时 PM 和策划共同组织。关注点一般有两个，一个是执行、实现需求的回顾，一个是团队表现的回顾。值得强调的是，这是一个回顾会，不是一个分锅会，目的是总结经验，优化流程，避免问题再次发生，而不是问责。

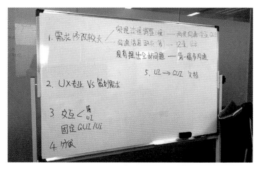

图 11-5　功能回顾会

会议前：

- 向各个职能收集需求开发过程中存在的问题和优点。

- 归纳总结收到的反馈，去重和筛选。如果反馈过多，一般选取影响最大的部分反馈。

会议中：

- 借助白板展示处理过的反馈，针对每个反馈进行讨论，组织者记录要点。过程中组织者注意节奏和方向的把控，避免互相甩锅的情况发生。

- 根据每个问题的讨论，跟与会多方确定针对问题的解决方案并记录。

会议后：

- 输出具体行动项，包括问题、解决方案、负责人、预计完成时间，邮件发送给与会者和职能负责人。

- 组织者跟进并保证行动项按时保质执行。

为了使会议氛围更和谐，可以安排一些小零食、饮料，或者通过游戏方式收集反馈。

/ 通过策划管理特性团队，PM 作为协助者

策划作为团队负责人，PM 可以直接通过与策划合作管理特性团队，但 PM 要确定基本流程、提供工具、提供协同信息、解决依赖、协助策划。

例如：

- PM 指导策划

各个团队第一次运转 PM 全程参与沟通，为策划进行指引。

资深团队后续日常沟通由策划主导，PM 选择参与。

新组建团队、存在问题的团队、重点团队 PM 参与度较高，协助策划开展沟通工作。

- PM 提供工具

提供计划的模板，方便策划制定、跟进计划。

给出需求确定、上线等各个阶段 Checklist，方便策划对照，快速上手。

配置好易协作，使得团队可以通过工具协同合作。

- 如果获得产品经理授权或者产品有需要，PM 可以开展项目管理培训或者跟培训组合作开展相关培训。

PM 了解各特性团队情况和进度，只需要跟策划沟通确认，不需要跟具体程序、QA 沟通，降低了 PM 工作量，减少了程序、QA 等沟通时间。

对于策划而言，需要多花费一些时间、精力来统筹特性团队，但有助于策划提高对需求的把控力。

当然，在团队瓶颈是策划时，或者某个策划项目管理能力很弱时，PM 应该快速补位或寻找更合适的人员，避免形成严重瓶颈或者成为风险。

/ 自组织团队

特性团队是由项目创建，给予授权，自行决定行动纲领的一个团队。这个团队接受项目给予的任务和约束条件，自行决定如何完成任务。以上所说的流程都是基本流程、建议流程，团队内部可以进行裁剪。只要团队成员共同认可能达到目标，可以自行决定方式。在这个团队中，团队成员自己决定做什么，以及如何做，是"民主"，还是"集权"，团队说了算。这正是特性团队一大特点。

要做到团队自组织，困难而重要，以下是我工作中一些总结，可供参考：

- PM 提供基本流程。如上所述，从项目角度提供基本的规范和指引，保证团队初始建立和运行，中途团队可以实际情况进行调整。另外每个特性团队都是项目团队的一部分，为保证项目运行顺畅，项目不能违背的铁则或者约束条件是特性团队必须遵守和考虑的。就像各地法规可以有所不同，但不能违背宪法。

- 扩展成员技能。在自组织的团队，当某个成员成为瓶颈，其他成员需要顶上。这需要成员做到一专都能，比如程序前后端双持，策划会全面测试，QA 能白盒测试、代码审查。这可以跟职能负责人沟通，安排职能纵向，跨职能培养，同时组织职能基础分享。

- 目标导向。团队内目标明确，包括要交付的特性是什么，什么时候要交付，交付这个特性对项目带来什么作用。团队的所有决定都应该是朝着这个目标前进的。不仅团队负责人，所有成员都有权利提出意见以达成目标。

- 培养团队归属感。培养团队成员主人翁精神，真正想交付成果。这需要关注团队人员选择，团队目标公共确定等方面。

- 个人收益与团队收益绑定。PM 可以以团队为单位收集数据，评选优秀特性团队，安排优秀的特性团队进行分享等，所有惩罚奖励都是以团队为单位，鼓励团队间合理竞争。从特性交付、团队成功的结果导向，迫使团队成员从团队整体考虑，在团队前弱化个人意识。要使敏捷团队成员能高度协作共同努力，须让团队成员的最大利益与成功完成特性交付的收益高度相关，从而将个人收益与团队收益绑定。"利益"将迫使团队成员自组织起来，想方设法完成开发任务，以获取最大收益。涉及绩效相关需要产品经理授权，不要轻易介入，PM 需要盘算手中筹码再开展。

- 相信团队，鼓励团队。不存在特性团队的项目中 PM 需要高度介入开发，但在存在特性团队的项目，PM 要学会放手，团队才有自组织的空间。这对自己亲力亲为才放心的 PM 来说是一个难题。特性团队内尽量减少 PM 参与的强流程，不要成为团队瓶颈，尤其当特性团队越来越多时。授之以鱼，不如授之以渔，跟团队一起总结，鼓励团队分析找到解决方案才是更高效的方法。

11.2.5 敏捷特性团队小结

以上是特性团队层面的管理，组建特性团队，通过基本流程指引进行内部管理，灌输团队自组织的思想，让特性团队可以独立地完成特性交付。

11.3 游戏视角分类及特点

11.3.1 敏捷项目团队——角色

对项目团队而言，团队交付负责人是 PM，需求方是产品经理或者主策，其余人员都是项目成员。

11.3.2 敏捷项目团队——管理

在讨论特性团队的时候，大家可能会疑惑，PM 放手，团队自组织，那 PM 工作是什么，PM 要做什么呢？不要急，PM 都在忙着管理项目团队。因为项目团队内分成众多特性团队，项目团队管理主要通过管理特性团队进行，下面我们具体阐述。

1　部分团队产品经理和主
　　策会合并。
/ 项目团队成员具体职责 [1]（见图 11-6）

在项目层面，产品经理确定整体战略和开发方向，主策提供周期内需求列表和优先级，PM 和策划共同负责交付。

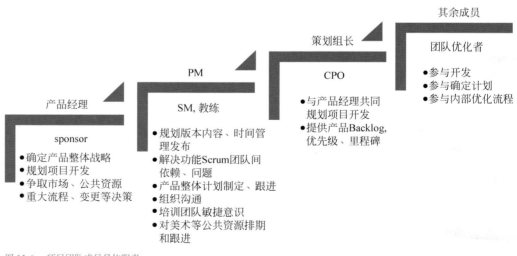

图 11-6　项目团队成员具体职责

/ 项目团队沟通机制（见图 11-7）

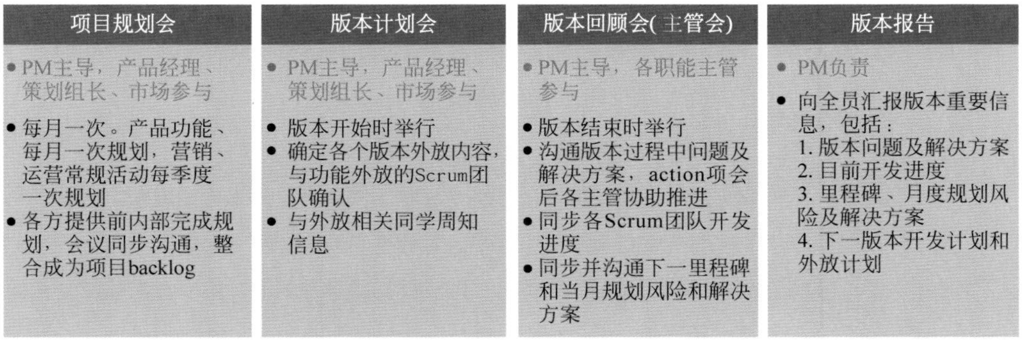

项目规划会	版本计划会	版本回顾会(主管会)	版本报告
• PM主导，产品经理、策划组长、市场参与 • 每月一次。产品功能、每月一次规划，营销、运营常规活动每季度一次规划 • 各方提供前内部完成规划，会议同步沟通，整合成为项目backlog	• PM主导，产品经理、策划组长、市场参与 • 版本开始时举行 • 确定各个版本外放内容，与功能外放的Scrum团队确认 • 与外放相关同学周知信息	• PM主导，各职能主管参与 • 版本结束时举行 • 沟通版本过程中问题及解决方案，action项会后各主管协助推进 • 同步各Scrum团队开发进度 • 同步并沟通下一里程碑和当月规划风险和解决方案	• PM负责 • 向全员汇报版本重要信息，包括： 1. 版本问题及解决方案 2. 目前开发进度 3. 里程碑、月度规划风险及解决方案 4. 下一版本开发计划和外放计划

图 11-7　项目团队沟通机制

/ 依赖管理

依赖是指项目研发过程中某内容的开发需要等待其他资源的情况。

从产品内部看，特性团队之间会有相互依赖，称为产品内部依赖。

从产品外部看，产品是一个大的特性团队，能独立交付一个产品，但也有可能依赖其他产品或者职能，比如引擎、法务、运维等等，称为产品外部依赖。

1. 产品内部依赖

● 抽离公共，分离特性团队。如果产品内部固定依赖频繁，可以考虑把依赖的内容抽离公共，封装成一个新特性团队，其他特性团队直接调用。从调整组织架构的方式解决。

● 维护特性团队间依赖关系（见图 11-8）。因为特性团队独立进行增量交付，常见情况是 A 团队 v1.0 依赖 B 团队 v2.0，类似的关系需要维护和记录，方便发生 Bug 时定位问题。一般用 Excel 表格记录，如果有人力和依赖问题较多，也可以开发后台记录。

hall_version	game_version
210	6
190	5
154	4
100	3
81	2
81	1

图 11-8　特性团队间依赖关系

● PM 排期。PM 需要明确依赖，梳理依赖做出尽量解决依赖的规划。这需要 PM 了解特性团队，从项目的高度考虑和协调，往往很难完全解决所有依赖，需要有所取舍。具体的方式，可以在产品规划新版本时，邀请各特性团队负责人一起参加计划会，逐一分析版本需求，明确、沟通依赖，最后做出方案。

2. 产品外部依赖

● 找专人跟进。产品、职能相关一般安排策划对接，技术项安排程序或 QA 对接。PM 跟对接人沟通。比如一个策划跟进法务事务，如版号、软著等等。比如让一、两个程序专门跟 SA 对接，如增加服务器，报警设置等等。

/ 发布管理

游戏统一在每周固定时间外放维护。网易游戏大多采用周版本制度，严格的周版本制度明确了一周各个职能各项节点。当然，项目在不同时期交付的周期不同，不一定都是周版本，可以参考的周期为日，三日，双周，月等。比如测试冲刺时，可以考虑调整为日版本，保证每天版本可用。周版本内具体节点和职责设置视项目具体情况（见图 11-9）。

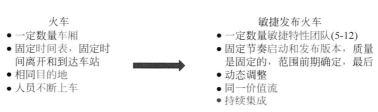

	Day5	Day1	Day2	Day3	Day4	Day5
PM	PM周版本设计	PM同一确认建单、锁单				PM周版本设计
PO/主策	主策下周工作安排					主策下周工作安排
主程	主程时间预估					主程时间预估
责任策划	责任策划建单					责任策划建单
程序	BUG修复/打包	开发/周版本确认	开发	开发	开发（提交测试deadline）	BUG修复/打包
QA	测试打包	回归	测试	测试	测试	测试打包

图 11-9　某团队周版本设置

这种固定周期的发布，称为敏捷发布火车，因为发布跟火车发车相似（见图 11-10）。

火车
● 一定数量车厢
● 固定时间表，固定时间离开和到达车站
● 相同目的地
● 人员不断上车

敏捷发布火车
● 一定数量敏捷特性团队(5-12)
● 固定节奏启动和发布版本，质量是固定的，范围前期确定，最后
● 动态调整
● 同一价值流
● 持续集成

图 11-10　敏捷发布火车定义

/ 推动目标中心化，执行去中心化

特性团队的一个特点是内部自主工作，可以有独特的规则和流程，可以按团队具体情况开发，解决问题，这是执行去中心化。

特性团队另一个特点是每个团队独立交付一个特性，目标明确。这个目标是项目目标一部分，团队目标必须为项目目标服务，不能违背项目目标，这是目标中心化。

项目团队向特性团队同步战略、制定目标、采取监控（见图 11-11）。

图 11-11　项目团队和敏捷特性团队关联

- 有目的设置特性团队，向团队传达战略、目标。

- 主管会同步战略和目标，各主管向执行人员同步。

- 项目（产品经理、主策）管理特性团队需求文档，审核是否符合特性团队目标，是否偏离项目目标。

- 为了更好地管理特性团队需求，可以把策划需求审核在易协作中设置为强流程。比如新增子项目或者看板用于管理需求，只有通过相应流程才能进入开发阶段。

- 对特性团队进行品质监控，计算投入产出比、分析质量、监控开发效率（这需要在团队中获得授权后，通过引入流程和统计方式进行计算和分析。属于 PM 进阶操作。）

常见品质监控四个维度如图 11-12，根据项目具体情况可以增删维度。

策划文档品质分析	开发效率监控	投入产出比计算	质量情况分析
策划需求品质效率监控的第一站，可以从策划文档品质分析中发现问题的多少以及策划解答专业性来判断文档的品质	对具体需求的美术、程序、QA开发工作量进行精细量化统计，为后续的投入产出比和质量情况分析做好铺垫工作	使用可量化的结果数据（比如营收、留存率、日活等），结合开发效率的数据，计算出投入产出比，评估需求带来的效益	针对反应质量情况的数据，比如QA的投入产出比，需求的bug数量等，对需求质量情况进行更深入的分析，使得对策划需求品质的衡量更为全面

图 11-12　品质监控四个纬度

- 特性团队向项目团队同步信息和风险（见图 11-13 ）。

团队进度、风险检查	在制品手机展示
• PM主导，策划参与	• 策划、策划组长、产品经理主导，PM、营销参与
• 每周一次。重要开发内容和新团队频率提高 • 策划反馈进度和风险，PM核对和了解。如有进度落后或出现风险，PM解决或协助解决	• 每周一次。策划会进行 • 各产品Scrum团队策划在手机展示在制品版本，策划组长、产品经理审核，并提出修改意见

图 11-13　特性团队向项目团队同步进度和风险

同步的内容分为两点：

- 进度和风险。

- 在制品。在制品汇报结合审核，比如需求文档策划组长审核，中间版本展示审核等向上同步信息，及时发现问题。

/ 培训特性团队

在以特性团队方式组织和管理的项目团队内，培训和指导组建特性团队是项目团队管理非常重要的一步。项目成员需要了解特性团队的目的和流程，同时成员除了完成职能的工作还需要完成团队管理、组织的工作，因此需要安排培训并提供指导。

- 针对主管的培训——介绍特性团队，争取主管配合（尤其策划，因为增加了策划工作量）
- 针对策划的培训——讲解特性团队日常流程，明确对团队整体交付负责，上岗培训
- 针对团队的培训——团队首次开发时，讲解流程、工具，赋予团队自主权。

11.3.3 敏捷项目团队小结

以上为项目团队层面的管理，通过有效的沟通机制进行特性团队的协调，统筹解决依赖和发布，保证特性团队符合项目团队战略的同时给予内部自主的权利，培训、指导特性团队完成更多特性的交付以完成项目团队的增量外放。

11.4 团队人员管理 Tips

项目管理是一项管理类工作，管理事容易，管理人难。管理好人，很多风险可以轻松规避，人组成团队，管理好人才能管理好团队。人员管理是一项软技能，对能力要求很高，需要 PM 重点关注和培养。

当然，PM 对人员没有直接管辖权，这里的人员管理主要指人员调配和提高人员效率，当 PM 获得更大权限时，可能会参与其他人员管理的范畴，这里不具体展开。

11.4.1 内部人员管理

/ 人员统计

- 人员列表

PM 需要有一份定时更新的人员列表（通讯录），展示各职能可用资源，标记出职能负责人。通过这份表格，明确关键干系人，分析干系人需求和参与意愿，从而管理干系人期望。

同时 PM 可以自己记录一份表格，记录各人员能力、沟通特性、性格等等，方便有针对进行沟通，当然这份表格是 PM 私下使用的。

/ 人员任务安排

PM 对需求安排提意见或者负责（很多时候由主管负责安排，PM 确认是否可以满足交付并进行跟进）。

对于成员都是跟进单一项目的情况，是比较好安排的，根据项目的优先级和阶段规划安排即可。但如果美术成员兼职跟进多项目，进场出现借调，且不同项目由不同 PM 负责，可以考虑使用统一规范的管理表格，实现人力资源管理协同自动化。同时 PDCA 循环解决问题，项目间进行拉通（见图 11-14）。

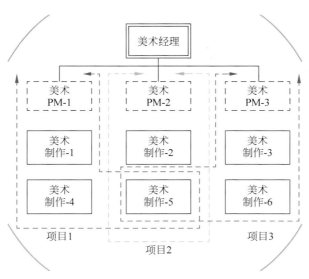

图 11-14　美术成员兼职多项目示意图

针对手游项目开发节奏快、需求进度紧的情况，很多美术组或者项目都会在周会制度中加入 PDCA 的管理方式，PDCA 循环是管理学中的一个通用模型（见图 11-15）：

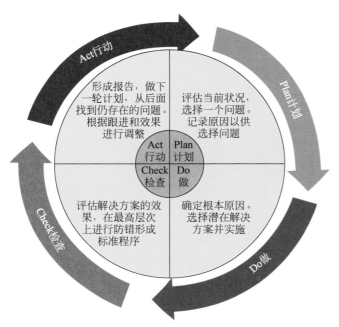

图 11-15　PDCA 循环

比如：

P 美术组每周一周会，确定当周各个美术成员工作计划。

D 当周，美术成员按照计划工作和交付。

C 周五，美术 PM 和接口人检查完成情况，若未顺利完成，分析未顺利完成原因并总结经验。

A 周五，对未完成内容进行处理，安排周六加班或者增加到下周计划。美术 PM 梳理出下周计划和安排，准备下周一周会。

内部协商使用统一、规范的管理表格（见图 11-16 ）。

版本	优先级	类别	属性	需求名称（同策划文档）	整体完成度（自动更新）	期望提交时间	最终提交时间（自动更）	等级	质量评级	资源分级
新坐骑系统	经典版	角色	坐骑					★★★	高	★★★
新坐骑系统	经典版	角色	坐骑					★★★	高	★★★
新坐骑系统	经典版	角色	坐骑					★★★	高	★★★
新坐骑系统	经典版	角色	坐骑					★★★	高	★★★
新坐骑系统	经典版	角色	坐骑	仙鹤	37%	2017/4/8	3月3日	★★★	高	★★★
新坐骑系统	经典版	角色	坐骑					★★★	中	★★★
新坐骑系统	经典版	角色	坐骑					★★★	高	★★★
新坐骑系统	经典版	角色	坐骑					★★★	中	★★★

项目计划信息

图 11-16　统一使用的管理表格

借助 VBA 生成以人员为单位的人力安排表，估算人员工作饱和度，还可通过筛选定向查询，为 PM 和主管提供工具直观展示人员安排。

/ 人员管理 & 人员培训

当 PM 在项目获得一定授权，可以介入职能（主要为策划、程序）的管理和培养。

当职能人员过多，可以分组管理，提高内部管理效率，合理通过增加管理成本提高整体效率和质量。一般来说，一个管理者直接下属数量超过 12 个就较难管理。

另外通过与培训组合作组织培训、针对性根据人员定位合理安排任务等方式协助主管进行人员培训，通过帮助人员成长提高团队整体能力。

/ 人员关怀 & 工作状态关注

团队成员状态和团队氛围极大影响团队效率。涉及的事宜很多，且团队不同也有所不同，以下仅列出部分内容：

● 团建：合理安排团队团建，增加团队氛围。一般每个月各职能会安排一次聚餐。比如刚新组建新工作室，成员互相不熟悉，合作不默契，团队关系不热络，这种情况可以组织一次户外团建，例如团队游戏 + 烧烤，尽量安排有协作性的活动加强了解和沟通。

比如连续多次测试，赶版本进度，成员非常疲惫，士气低落，这种情况可以组织一次休闲团建，例如室外拓展训练 + 温泉，以放松为主。

组织安排可以参考如下：

A. 找秘书联系旅行社（负责配备导游、包车、食物等），内部确定方案之后，秘书发起投票，负责合同、报销等事宜。

B. 如果有协作性活动，PM 对成员进行分组（跨部门分在一组），安排协作性游戏，促进组内沟通协作。

C. 如果团队大，每组设立一个负责人协助组织和考勤。

D. 安排摄影，作为团队内部素材，比如年会回顾，P 成内部表情包等等。

- 人员管理：对情绪、状态不佳的成员，进行正式非正式沟通，协助解决冲突、情绪问题等。

  PM 除了跟成员有工作关系，最好培养私交，真诚跟所有成员交往。

  比如发现某个程序最近效率下降，Bug 率高，在吃饭或者非工作时间跟他聊一下，看是不是有什么原因，想办法帮忙解决一下或者如果合适找主管沟通一下。

- 工作强度平衡：通过改变流程、版本时间或者节点控制来调整团队工作强度。在冲刺期安排加班加快节奏，作为冲刺利刃；稳定开发期恢复正常时间，保证团队不会过于疲劳。比如产品一个月后进行渠道测试，目前来看进度比较紧张，可以跟产品经理沟通是否安排加班调休，同时可以在 OA 进行加班报备申请加班福利。等测试完成，适当调整作息，避免团队过度疲劳。

- 考勤：关注明显的考勤问题，早退迟到等。

  比如在测试冲刺期，每天午休大家恢复状态时间都比较久，可以考虑安排周末偶尔放假，每天午休提前开灯，跟各主管沟通，希望大家注意问题。

- 团队关怀：申请加班福利，提供生活事务协助。还可以请秘书或者 HR 整理健身室、免费按摩、饭堂等等福利内容，作为新人礼包发送给新人。

以上这些内容，很多是可以跟秘书、HR、培训组等同学合作起到更好效果，不是全部都是 PM 负责，但需要 PM 要有意识进行监控和处理。PM 还能通过数据监控人员效率和情况，并进行调整，数据相关章节会重点介绍。当 PM 获得较高授权，还会参与人员绩效相关的工作，这里不重点介绍。

11.4.2　项目人员调整建议

提出人力资源调整建议需要 PM 获得较高授权和产品经理信赖。同时计算、结论也要严谨和值得推敲，因为人力资源的调整直接涉及成本。建议的常规步骤如下：

/ 计算所需资源数量。

- 参考同类型同时期团队配置。同类型同时期的团队配置原则上应该是相近的，如果相差很远说明很大可能不能在相近的时间相同的质量下完成交付。部门内相关统计和历史资料可以参考，也可以跟其他项目负责的 PM 咨询。

- 参考公司常规职能比例。策划：程序，程序：QA，GUI：程序等等公司都有常规比例配置，职能部门一般情况也是按照比例进行配置，参考这个比例根据 A 职能的数量计算 B 职能的数量，再与 B 职能目前数量比较可以计算资源差额。具体比例可以咨询上级主管或者有经验的 PM。

- 根据项目特殊情况。有些项目因为战略考虑、竞品压力等，需要在某个固定时间上线，根据与具体情况可以多配置或者少配置资源。有些项目是新品类，根据该品类具体情况配置合适资源。比如第一款开发的战术竞技游戏，开发压力是大地图，因此美术人数是其他 mmo、arpg 游戏的 3~4 倍。

- 根据项目时期。项目不同时期人员配置有所不同。比如 Demo 期是需要快速验证玩法，不会进行铺量开发，一般整个项目团队不会多于 10 人。进入 Alpha 开发前期，主要完善核心玩法，不宜过多人参与，人数缓缓增加。进入 Alpha 开发后期，核心玩法定型，开始批量开发以及开发周边系统，人数迅速增加。

/ 规划资源需要到位时间

- 参考项目里程碑。根据项目里程碑目标，反推如果要按时按质量完成里程碑目标，资源需要在什么时间加入。

- 考虑资源依赖关系。如果职能间有依赖关系，反推如果不影响后续职能正常工作，资源需要在什么时间加入。

/ 向上申请

向产品经理提出调整建议，说清楚需要资源的类型、时间、数量，并根据前两点阐述原因。具体阐述的方式视产品经理性格、授权情况决定。计算、结论也要严谨和值得推敲。

/ 人员管理总结

- PM 需要保证团队合理配备，合理安排工作保证人员效率，提升成员状态维护团队氛围，当 PM 获得更大权限时，可能会参与其他人员管理的范畴。